高职高专项目式实践类系列教材

U0159542

Flash 动画设计与制作

主　编　陈茂涛

参　编　宋再红　覃　丽

　　　　袁贵飞　向明杭

主　审　王鹏威

西安电子科技大学出版社

内 容 简 介

　　本书是以"Flash 动画设计与制作"课程教学中"设计"与"制作"两大核心能力为培养目标编写的。书中以 "观赏性动画"项目群为主要设计内容，共设定了六个彼此独立，但在整个教学内容体系上又相互联系的项目案例。这些项目案例分别从 Flash 动画形象设计与制作、Flash 动画场景设计与制作、Flash 基础性动画镜头制作、公益广告动画的设计与制作、微信动态表情包设计与制作、商业动画镜头动画设计与制作等方面讲解了如何进行较系统的项目开发与制作。

　　本书可作为普通高等院校、高等职业院校、成人高等教育学院及五年一贯制高职教育的动漫设计与制作、动漫制作技术、游戏设计与制作等专业的教学用书，也可作为社会从业人员技术强化和技能培训用书。

图书在版编目(CIP)数据

Flash 动画设计与制作 / 陈茂涛主编. —西安：西安电子科技大学出版社，2020.4
ISBN 978−7−5606−5614−4

Ⅰ. ① F…　　Ⅱ. ① 陈…　　Ⅲ. ① 动画制作软件—教材　　Ⅳ. ① TP391.414

中国版本图书馆 CIP 数据核字(2020)第 021477 号

策划编辑　万晶晶
责任编辑　刘玉芳
出版发行　西安电子科技大学出版社(西安市太白南路 2 号)
电　　话　(029)88242885　88201467　　　　邮　　编　710071
网　　址　www.xduph.com　　　　　　电子邮箱　xdupfxb001@163.com
经　　销　新华书店
印刷单位　陕西日报社
版　　次　2020 年 4 月第 1 版　　2020 年 4 月第 1 次印刷
开　　本　787 毫米×1092 毫米　1/16　印张 14.5
字　　数　338 千字
印　　数　1～2000 册
定　　价　38.00 元
ISBN　　978−7−5606−5614−4 / TP

XDUP 5916001−1

如有印装问题可调换

序

　　"高职高专项目式实践类系列教材"是在贯彻落实《国家职业教育改革实施方案》(简称"职教 20 条")文件精神，推动职业教育大改革、大发展的背景下，结合职业教育"以能力为本位"的指导思想，以服务建设现代化经济体系为目标而组织编写的。在新经济、新业态、新模式、新产业迅猛发展的高要求下，本系列教材以现代学徒制教学为导向，以"1+X"证书结合为抓手，对接企业、行业岗位要求，围绕"素质为先、能力为本"的培养目标构建教材内容体系，实现"以知识体系为中心"到"以能力达标为中心"的转变，开展人才培养的实践教学。

　　本系列教材编审委员会于 2019 年 6 月在重庆召开了教材编写工作会议，确定了此系列教材的名称、大纲体例、主编及参编人员(含企业、行业专家)等主要事项，决定由重庆科创职业学院为组织方，聘请高职院校的资深教授和企业、行业专家组成教材编写组及审核组，确定每本教材的主编及主审，有序推进教材的编写及审核工作，确保教材质量。

　　本系列教材坚持理论知识够用，技能实战相结合，内容上突出实训教学的特点，采用项目制编写，并注重教学情境设计、教学考核与评价，强化训练目标，具有原创性。经过组织方、编审组、出版方的共同努力，希望本套"高职高专项目式实践类系列教材"能为培养高素质、高技能、高水平的技术应用型人才发挥更大的推动作用。

高职高专项目式实践类系列教材编审委员会

2019 年 10 月

高职高专项目式实践类系列教材

编审委员会

主 任　何 济

副主任　戴 伟　何 弦

委 员　(按姓氏笔画排序)

邓文亮	王 新	王 勇	王前华	王鹏威	冯 刚
宁 萍	司桂松	田一平	刘鸿飞	刘显举	刘艺洁
李 萍	李 锐	牟清举	许艳英	伍启凤	朱亚红
陈 浩	陈 均	陈焱明	陈雪林	陈茂涛	宋延宏
宋再红	何小强	邱 霖	杨圣飞	杨 川	余 静
张庆松	张天明	张义坤	张静文	罗明奎	周云忠
郑传璋	钟芙蓉	贺 宏	钟向群	赵红荣	唐锡雷
翁群芬	徐小军	淡乾川	廖云伟	滕 斌	魏良庆

前　　言

　　应重庆科创职业学院教材改革政策的号召，按照学院专业实践教学丛书的编写要求，结合 Flash 动画制作技术在动漫专业领域较强的专业基础性，及其在计算机应用技术等其他专业领域的广泛应用性，编写组特组织了本书的编写。本书编写组成员由该专业领域教学经验丰富的教师和行业领域里动画项目实践经验丰富的动画设计师构成，含动画专业副教授 2 人、讲师 1 人及行业动画设计师 2 人。编写组成员的动画实践项目丰富，代表性作品有中央电视台播出的动画作品《小猪班纳》《布袋小和尚》等，这为本书的编写提供了专业化的行业标准和较强的实践性保障。

　　本书在项目设定上遵循了制作技术能力层级系数、项目综合量化系数、商业性难度层级系数、设计能力难度量化系数四个方面递增的原则，在整合 Flash 动画设计与制作技术在专业、商业及产业化项目应用方面核心技能的基础上设定各模块，各项目在关联性上遵循制作技术难度由基础到高级，对设计和制作能力的要求不断提升，项目的综合性及商业性要求越来越高，循序渐进，不断增强学生的成就感、学习兴趣和学习主动性。

　　本书所选项目案例多为编写组教师的主创项目，也参考了其他教学资源，谨向有关作者及所有支持本书编写的老师和同学表示感谢！此外，鉴于编者水平有限，书中难免有不妥之处，恳请广大同行及读者批评指正。

编　者

2019 年 10 月 15 日

目　　录

实训项目一 Flash 动画形象设计与制作

 项目分析

本项目将 Flash 动画角色形象设计与企业品牌视觉形象设计中的吉祥物设计进行整合，即对某航空公司吉祥物的视觉形象开发，这是后续 Flash 动画产品开发的基础性工作。本书内容的设定原则为由基础到综合，本项目作为基础性案例，目的在于培养学生对动画基础性造型的设计与制作能力。

一、动画形象设计分析

在动画形象的设计环节，需要对某航空公司的企业品牌形象进行全面分析，总结、提炼出能够代表该企业品牌理念及品牌形象的视觉元素，并借鉴当下动漫形象设计与开发的设计原则和典型案例进行动漫形象的设计，为该品牌后续的动画角色品牌识别系统、动画作品和动漫衍生产品的开发打好基础。

二、动画形象制作分析

动画形象应严格按照动漫角色形象设计和表现规范的要求，运用 Flash 软件的基础性工具进行标准化制作。其制作环节主要体现在角色形象的线稿绘制、标准稿制作、最终视觉效果图的制作三个方面。动画形象标准制图及动画形象最终效果图分别如图 1-1 和图 1-2 所示。

图 1-1 动画形象标准制图　　　　图 1-2 动画形象最终效果图

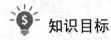 **知识目标**

1. 基础性动画角色形象的设计与表现方法。
2. 基础性动画角色形象的设计与制作规范。
3. Flash 软件中动画角色形象制作相关工具的特性及表现特点。

能力目标

1. 对设计课题进行深入分析的能力。
2. 根据设计需求进行基础性动画角色形象设计的能力。
3. 根据 Flash 软件对基础性动画角色形象进行规范性设计与制作的能力。

任务一　Flash 动画形象设计

任务目标

❖ **动画形象设计稿绘制**
1. 对设计课题进行综合分析并提炼设计要素。
2. 确定设计表现元素和造型设计风格。
3. 对动画形象进行线稿设计的视觉化呈现。

❖ **动画形象设计说明书写**
1. 提炼、概括动画形象的设计与表现意图。
2. 简明书写出该动画形象设计的设计说明。

知识链接

一、Flash 动画形象的造型特点

在对动画角色进行分类时，一般会根据作品的呈现方式进行判断，如传统二维动画或三维动画，因其制作方式和视觉呈现效果的不同而具有各自独特的造型特点。Flash 动画虽归属于二维动画，但依其制作技术和大量作品的呈现特点，除了偏向传统手绘动画的作品外，大部分会呈现出 Q 版化倾向，人物造型比例通常在二头身到四头身之间。Flash 动画形象在具体的造型表现方面也呈现出其独特的视觉特色，是在现实基础上提取表现元素或对现实素材的提炼、概括和升华，在造型上凸显角色形象的个性，强化角色形象的可辨识度，同时注重动画产品及后期衍生产品的可开发性等。

二、Flash 动画形象的设计方法

在进行 Flash 动画形象的设计时，首先要对设计意图或故事脚本进行全面且深入的分析，提炼、概括出最核心的视觉表现元素，在核心视觉表现元素的基础上寻求参考素材，在特定视觉表现风格定位的限定内运用夸张与变形、创造性想象、简化等表现手法进行具体设计稿的绘制。

技能训练 **Flash 动画形象设计稿制作**

(1) 分析某航空公司的航徽、品牌定位及品牌 LOGO 设计，确定本项目中形象设计的基本造型风格为 Q 版，核心视觉表现元素为鸽子与中小型飞机的融合造型。

分析对象 01：某航空公司航徽。

国内某航空公司航徽的基本元素为一只展翅高飞的鸽子。一方面表明该航空公司希望为社会、公众提供安全、快捷、温馨、舒适的航空服务；另一方面也表明了该航空公司是个负责、诚信的企业，同时，更寓意着该航空公司在企业战略以及经营管理上所拥有的准确的判断力、高效的执行力，及对既定目标坚定不移的信念与持之以恒的追求精神。

分析对象 02：品牌定位——立志成为世界级支线航空产业融合领导者。

(2) 根据所确定的核心视觉表现元素寻找该元素的现实性素材，在素材参考的基础上进行角色形象造型的线稿设计，清理出清晰线稿，并扫描成图片备用，设计效果可参考图 1-3。

(3) 打开 Flash 软件新建一个 FLA 文件，并保存到指定的盘符，命名为"华小夏"，如图 1-4、图 1-5 所示。

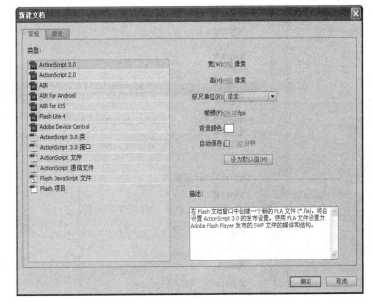

图 1-3　动画形象设计稿最终效果图　　　　　图 1-4　新建 FLA 文档

图 1-5　保存文档并命名为"华小夏"

（4）将绘制的设计稿导入 Flash 软件的舞台中，并调整好其与舞台的相对尺寸及在舞台中的相对坐标位置，如图 1-6、图 1-7 所示。

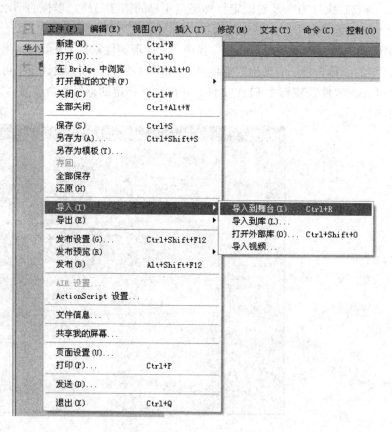

图 1-6　将设计稿导入到舞台

图 1-7 调整设计稿尺寸及在舞台中的相对坐标位置

(5) 在 Flash 软件的时间轴面板中新建"造型绘制"图层,并将设计稿图层锁定,如图 1-8 所示。

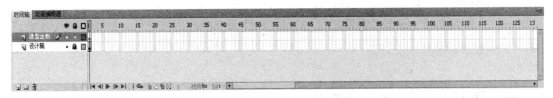

图 1-8 新建"造型绘制"图层并锁定设计稿图层

(6) 在工具面板中选择"线条工具",在属性面板中设置线条颜色为亮色,并在舞台中绘制设计稿的造型,如图 1-9、图 1-10 所示。

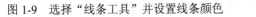

图 1-9 选择"线条工具"并设置线条颜色　　图 1-10 在舞台中绘制设计稿的造型

(7) 在工具面板中选择"选择工具",用该工具调整刚绘制好的直线段,以适应角色造型的边缘弧度，如图 1-11、图 1-12 所示。

图 1-11　选择"选择工具"　　　　图 1-12　使用"选择工具"调整线段

(8) 依据(6)和(7)的操作，依次绘制完该造型中除圆形以外的线条。

(9) 在工具面板中选择"椭圆工具"，设置属性面板中禁用填充色，在舞台中绘制出该造型中的圆形线条。最后在时间轴面板中删除设计稿图层，保存文档，如图 1-13～图 1-15 所示。

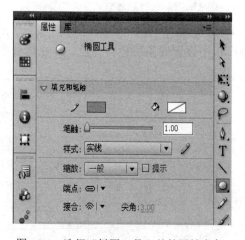

图 1-13　选择"椭圆工具"并禁用填充色　　　图 1-14　使用"椭圆工具"绘制造型中的圆形线条

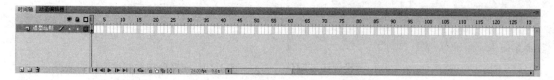

图 1-15　在时间轴面板删除设计稿图层

(10) 提炼、概括并书写角色设计说明。

角色形象设计说明:

该角色形象设计是在某航空企业航徽及 LOGO 视觉设计理念的指导下,整合"鸽子"和"中小型飞机"元素,并对两者进行 Q 版化处理,设计出"华小夏"视觉形象。该形象的头部通过提取鸽子的造型元素并进行人格化创造性设计,身体部分则是对机翼元素的提取和再设计,整体形象体现出该航空企业作为支线航空领域主推的中小型机型特点。

任务二 Flash 动画形象标准稿制作

任务目标

❖ **动画形象标准稿绘制**

1. 角色形象的造型、比例等参考标注。

2. 角色形象的造型边缘弧度标注。

❖ **动画形象标准稿颜色指定**

1. 角色形象的色彩设定。

2. 角色形象的颜色填充。

知识链接

一、Flash 动画形象标准稿的制作标准

因本项目是对动画角色设计与品牌设计中吉祥物设计的整合设计,对角色形象标准稿的制作在更大层面上是为了满足后续动画产品和衍生产品开发的设计需要,所以在具体的标准稿制作方面更加强调该造型形象在比例、线条尺寸、弧度等方面的参考性标注。

二、Flash 动画形象的颜色设定方法

在对该类角色形象进行颜色设定时,首先,需遵循设计对象和设计目标的一致性,即参考某航空企业的品牌色调;其次,可参照动画角色的原始参考形象的固有色彩;再者,应更加注重色彩的色相属性在角色形象的性格塑造和形象识别中的作用。

技能训练 Flash 动画形象标准稿制作

(1) 在工具面板中选择"颜料桶工具",在属性面板中设定颜色后,对任务一中绘制好的造型进行灰色色阶填充,初步设定角色造型的色彩层次,如图 1-16、图 1-17 所示。

图 1-16 选择"颜料桶工具"并设定填充色 图 1-17 使用"颜料桶工具"对造型进行灰色填充

(2) 在时间轴面板中新建"网格比例"图层，并设置显示网格参考线，然后编辑网格参考线显示比例为 50 像素×50 像素，如图 1-18～图 1-20 所示。

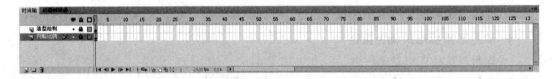

图 1-18 在时间轴面板中新建"网格比例"图层

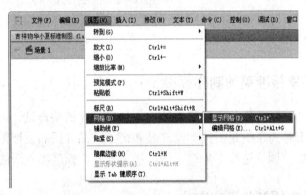

图 1-19 设置显示网格参考线

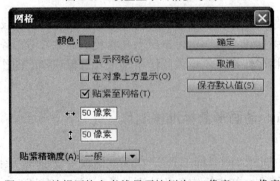

图 1-20 编辑网格参考线显示比例为 50 像素×50 像素

(3) 在工具面板中选择"线条工具"，在"网格比例"图层中进行网格绘制，绘制完成后关掉显示网格，如图 1-21 所示。

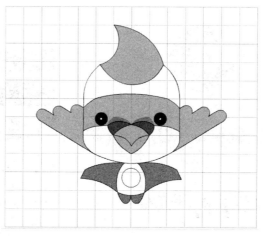

图 1-21　绘制好的"网格比例"图层效果

(4) 在时间轴面板中新建"边缘弧度"图层，使用工具面板中的"椭圆工具"给造型的边缘添加弧度参考线，如图 1-22、图 1-23 所示。

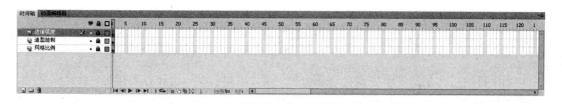

图 1-22　在时间轴面板中新建"边缘弧度"图层

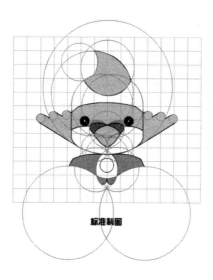

图 1-23　使用"椭圆工具"给造型的边缘添加弧度参考线

(5) 对角色造型进行颜色设定，并使用工具面板中的"颜料桶工具"进行填充，如图 1-24 所示。

图 1-24　对角色造型进行颜色指定，并使用"颜料桶工具"进行填充

项 目 小 结

　　本项目的目的是培养学生设计课题分析、设计素材搜集、设计方案指定、设计稿手绘、动画形象的设计制作、动画形象的标准稿制作、动画形象的色彩制定等方面的能力。通过这种基础性项目的制作，培养学生在设计中的标准规范意识，也是对该软件基本功能的熟悉过程，更是 Flash 动画制作流程中的关键性基础步骤。

思 考 与 练 习

　　1. 请思考如何进行特定主题动画形象的设计与开发，其过程中需要注意的问题有哪些。

　　2. 请思考动画形象造型设计与制作的流程及制作规范。

　　3. 请自选主题进行动画形象的设计与制作。

实训项目二　Flash 动画场景设计与制作

 项目分析

本项目是在项目一基础上的一个强化和提升案例，也是依照 Flash 动画设计与制作流程起始环节中的场景设计与制作而设置。本项目设定主题为"精灵小屋"，目的是通过本项目的设计与制作实践使学生学会 Flash 动画场景设计的基本方法和制作规范，并为后续项目的深化和综合打好基础。

本项目的动画场景设计稿如图 2-1 所示，动画场景最终效果图如图 2-2 所示。

　　　　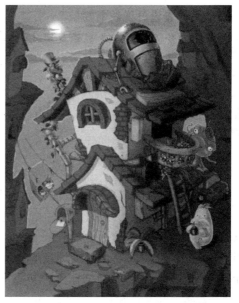

图 2-1　动画场景设计稿　　　　　　　图 2-2　动画场景最终效果图

 知识目标

1. Flash 动画场景的设计与表现方法。
2. Flash 动画场景的设计与制作规范。
3. Flash 软件中动画场景制作的相关工具特性及表现特点。

能力目标

1. 对设计主题进行综合分析的能力。
2. 根据设计需求进行 Flash 动画场景设计的能力。
3. 根据 Flash 软件对动画场景进行规范性设计与制作的能力。

任务一　Flash 动画场景设计

任务目标

❖ **动画场景设计稿绘制**
1. 设计主题及设计元素的综合分析。
2. 动画场景空间层次关系的设计表现。
3. 动画场景设计手绘稿的设计呈现。

❖ **动画场景设计说明书写**
1. 动画场景设计主题及创意表现的归纳总结。
2. 动画场景设计说明的书写。

知识链接

一、Flash 动画场景的造型特点

Flash 动画场景在其所处的动画作品中主要起交代动画电影的时空关系、体现角色在影片空间中的环境氛围、刻画角色性格和视觉心理空间、推动影片故事情节发展等作用，所以其必定受到剧本设定、影片风格设定、角色设定、镜头设定、画面构图设定等各方面因素的影响，这也决定了动画场景的造型风格。Flash 动画中的场景设计一般采用单线平涂的方式表现，其造型简洁明了，特点突出且鲜明，与影片中角色设计的造型特点保持一致。

二、Flash 动画场景的设计方法

Flash 动画场景的创意设计一般包括创意准备和创意实现两大环节，创意准备环节主要包括剧本研读与场景构思、场景设计与镜头设定、场景构图与空间表达等内容；创意实现环节主要包括场景确定与素材选取、概念设计、场景设计定稿、场景色彩设定等内容。具体设计中最核心的问题为故事剧情的深入分析、镜头设定下的空间及画面表现、场景设计风格与影片美术设定的统一性、场景色彩设定与角色表演的整合性等。

Flash 动画场景设计稿制作

(1) 首先针对设计主题"精灵小屋"进行设计课题分析，并确定设计表现的基本元素：场景视觉风格特点、房屋主体及结构风格、主体物所处环境空间特点等基本概念设定。

(2) 对场景设计初步确定的基本元素概念进行进一步细化。

场景视觉风格特点：选择介于二维动画单线平涂与三维动画重结构光影之间的一种造型及表现特点，场景主视觉设定为远离人类生存空间的悬崖峭壁，房屋破旧但结构完整，多种精灵共存等。

房屋主体及结构风格：房屋主体设定为两层破旧小楼造型，双层屋顶为人字形瓦房结构，此外，还设有门窗、阳台及拟人化需求的燃气管道、邮箱、烟筒等设施。

主体物所处环境空间特点：房屋主体物设定在悬崖峭壁上，且突出悬崖间层次关系及远景悬崖上其他精灵小屋的缩影。

(3) 依据场景表现元素的概念细化设定，搜集所需素材，并进行创意性设计。

(4) 进行动画场景手绘稿设计的视觉化呈现，如图 2-3 所示。

(5) 将设计稿清理成清晰的线稿，并保存成图片备用，像素设置为 2000 像素×2500 像素，如图 2-4 所示。

图 2-3 动画场景"精灵小屋"手绘设计稿　　　图 2-4 依据手绘稿清理出清晰的线稿

任务二　Flash 动画场景标准稿制作

任务目标

❖ **动画场景标准稿绘制**

1. 对场景设计线稿进行前景、中景、后景的层次划分。

2. 使用 Flash 软件对动画设计线稿进行分层绘制。

❖ 动画场景标准稿颜色设定
1. 动画场景基本色调的设定。
2. 动画场景整体色彩视觉效果的完善。

知识链接

一、Flash 动画场景定稿的制作标准

本阶段的 Flash 动画场景定稿,主要指依据设计稿在 Flash 软件中进行设计定稿的绘制。在制作过程中主要依据动画角色的表演轨迹、镜头画面的设定等原则进行动画场景层次的划分,即前景、中景、后景,并将其在 Flash 软件时间轴面板中不同的图层进行绘制。

二、Flash 动画场景的颜色设定方法

在对动画场景进行颜色设定时,首先需要掌握光影和色彩的基本呈现规律,即光影是如何塑造物体结构的、色彩的基本原理、画面的色调与光源处理等。然后结合设计主题进行场景空间与色彩光影的设定,主要涉及场景空间与光影关系、场景空间与色彩关系、场景光色的现实性与戏剧性、动画场景光色的整体协调性等设定原则。

技能训练　　Flash 动画场景标准稿制作

(1) 打开 Flash 软件,新建 FLA 文档并命名为"精灵小屋",保存到指定盘符,如图 2-5 所示。

图 2-5　新建 FLA 文档并保存为"精灵小屋"

(2) 将场景设计线稿导入文档舞台，修改图层名称为"设计线稿"并锁定，并设置尺寸及与舞台的相对位置。文档属性大小设置为 2000 像素×2500 像素，设计线稿坐标设置为(0，0)点，如图 2-6～图 2-8 所示。

图 2-6　将设计线稿导入文档舞台

图 2-7　设置"精灵小屋"文档大小　　　　图 2-8　设置设计线稿在舞台中的坐标位置

(3) 在时间轴面板新建三个图层，分别为前景、中景、后景，如图 2-9 所示。

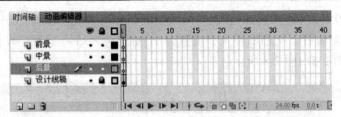

图 2-9　在时间轴面板新建前景、中景、后景三个图层

(4) 使用工具栏中的"线条工具"分别在前景、中景、后景三个图层中绘制出不同的场景内容，如图 2-10～图 2-12 所示。

图 2-10　前景图层绘制内容　　　　　　　　　图 2-11　中景图层绘制内容

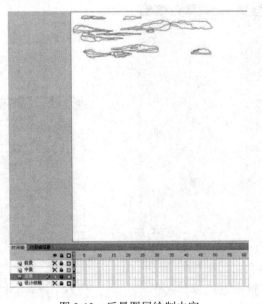

图 2-12　后景图层绘制内容

（5）使用工具栏中的"颜料桶工具"对前景、中景、后景三个图层中的场景内容进行指定色彩填充，如图 2-13～图 2-15 所示。

图 2-13　前景图层色彩填充　　　　　　　　　图 2-14　中景图层色彩填充

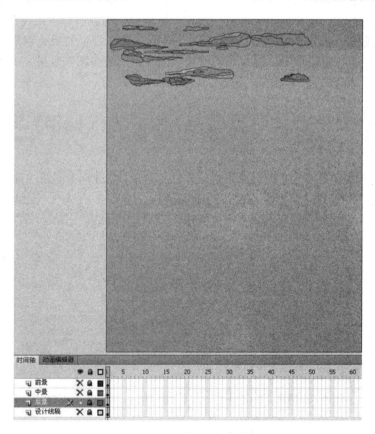

图 2-15　后景图层色彩填充

(6) 使用工具栏中的"刷子工具"对该场景的色调和视觉效果进行调整和完善，如图 2-16、图 2-17 所示。

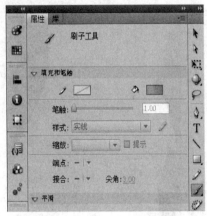

图 2-16　在工具栏中选择刷子工具

图 2-17　运用刷子工具对场景视觉效果进行完善

项 目 小 结

　　在本项目的整个设计与制作流程中，重点从设计主题分析、设计核心元素设置、设计核心表现元素的细化、素材搜集及创意性设计、手绘设计稿创作、手绘设计稿线稿清理、Flash 软件中线稿分层绘制、线稿色调效果设定、最终场景视觉效果完善等进行完整的设计和制作演示。重点是让学生掌握如何从设计主题开始到最终场景效果完成的基本操作流程和设计创意的表现方法。

思 考 与 练 习

1. 请思考如何进行特定主题动画场景的设计与开发，其过程中需要注意的问题有哪些。
2. 请思考动画场景造型设计与制作的流程及制作规范。
3. 请自选主题进行动画场景的设计与制作。

实训项目三　Flash 基础性动画镜头制作

 项目分析

本项目是在前面角色造型和场景设计与制作基础上的进阶性项目，也是初次涉及动画制作的基础性项目。项目主要内容为一匹马从场景的左侧奔跑到右侧，所以本项目中最核心的制作内容主要分为三个部分：一是马奔跑的动画制作；二是场景的分层制作；三是角色动画与场景的合成。项目设计方面主要涉及马的造型、马的奔跑动画、场景的设计效果和分层、镜头合成的动画效果及时间把握等；项目的具体制作技术方面主要涉及动画元件的制作、补间动画的制作、镜头动画的合成输出等方面。

基础性动画镜头效果如图 3-1 所示。

图 3-1　基础性动画镜头效果

 知识目标

1. 角色的动画运动规律及其项目运用。
2. 图形类动画元件的类型特点及制作方法。
3. 传统补间动画的设计与制作方法。
4. 基础性镜头动画的合成与输出方法。

 能力目标

1. 能够运用相关动画运动规律进行角色动画的设计与制作。
2. 能够根据镜头内容设定进行基础性镜头动画的制作。

任务一　角色动画制作

任务目标

❖ **角色造型绘制**

1. 马的造型元素提取。
2. 马的造型线稿绘制及色彩填充。

❖ **角色动画元件制作**

1. 马奔跑分解动作的元件制作。
2. 马原地奔跑元件的制作。

知识链接

一、Flash 中元件的类型及制作原理

运用 Flash 软件进行动画制作时，制作生成的元件犹如一个个彼此独立的构件或演员，为动画的复杂制作和镜头动画的合成提供素材。Flash 软件中的元件类型主要包括三种(如图 3-2 所示)：图形、影片剪辑、按钮，本项目中主要涉及图形。在具体项目的制作中，图形元件包含内容的可变性比较大，可以是一个简单的造型，也可以是一段复杂的动画。制作时只需要创建新的元件，就可以在该元件内部编辑自己所需要的设计内容，但在场景层级观看元件动画效果时需设定与元件内部相同的时间帧数。

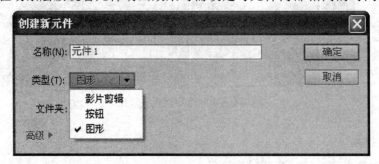

图 3-2　创建新元件及元件的三种类型

二、Flash 中时间轴面板与动画表现

Flash 软件中的时间轴面板主要包含图层控制区域和动画时间控制区域两大部分。舞台中的所有动画效果都是通过在特定图层设置相应内容，并通过设置时间控制区域的动画效果来实现的。图层控制区域可设置图层内容的显示与隐藏、锁定与可编辑、完整显示和线框显示三个主要控制功能，通过这几项功能可灵活方便地设置和调整各独立图层

中的动画内容。时间控制区域主要为动画效果的实现服务，包括播放系列控件、动画内容编辑的可视状态、动画播放的帧频设置、动画播放时间等。在具体的动画效果实现过程中，创作者就是借用这两个模块的互动操作将自己的设计和创意在舞台中呈现的，如图3-3所示。

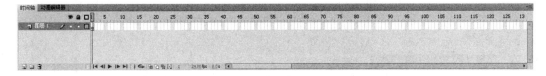

图 3-3　时间轴面板及其构成要素

三、角色动画设计的基本原理与方法

　　Flash 角色动画一般都是基于所创作角色的运动规律，并在此基础上运用角色动画设计的原理、动画角色表演与表现方法进行设计和制作。如项目中马的奔跑动画设计，首先需要设计马的基本造型，然后根据镜头的设定来设计该角色的具体奔跑动画。项目中马的奔跑设计为原地奔跑，这就需要我们依据马奔跑的一般运动规律的分解动作来进行逐帧绘制，然后将其作为一个整体的奔跑元件再给该元件制作补间动画，最终实现马由左侧奔跑到右侧的镜头效果。

技能训练　　**角色动画元件制作**

　　(1) 新建 FLA 文档，命名为"基础性镜头动画"并另存到指定盘符，设置舞台大小为640 像素×220 像素，如图 3-4、图 3-5 所示。

图 3-4　新建 FLA 文档命名为"基础性镜头动画"　　　　　图 3-5　设置文档大小

　　(2) 将马奔跑的分解动作素材导入到舞台，修改图层名称为"分解动作参考"并将该图层锁定，如图 3-6 所示。

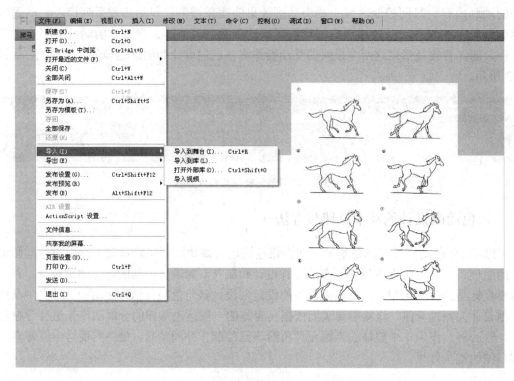

图 3-6　将马奔跑的分解动作素材导入到舞台

(3) 在时间轴面板新建图层并命名为"动态绘制",如图 3-7 所示。

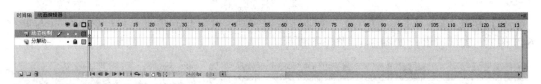

图 3-7　在时间轴面板新建图层并命名为"动态绘制"

(4) 选择工具面板中的"线条工具"或"铅笔工具"将"分解动作参考"图层中的八个分解动态依次在"动态绘制"图层画出来,并使用"颜料桶工具"进行白色填充,大小、位置与"分解动作参考"图层保持一致,如图 3-8、图 3-9 所示。

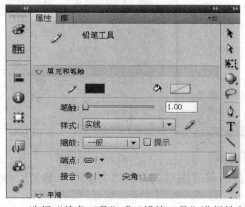

图 3-8　选择"线条工具"或"铅笔工具"进行绘制　　　图 3-9　绘制完成八个分解动态并填色

(5) 依照分解动态顺序依次用"选择工具"框选每个独立造型，按 F8 键，将其逐个转换成图形元件，并以各自顺序命名元件名称。最终在库中实现八个独立的图形元件，如图 3-10、图 3-11 所示。

图 3-10　框选每个动态造型转换成图形元件　　　　图 3-11　绘制完成八个动态的图形元件

(6) 按 "Ctrl＋F8"组合键创建"马的奔跑"图形元件。在该元件内部修改图层 1 的名称为"马的奔跑"，并在时间轴的时间控制区域依次在时间轴的第 3、5、7、9、11、15 帧处按 F7 键创建空白关键帧，在第 16 帧处按 F5 创建普通帧，如图 3-12、图 3-13 所示。

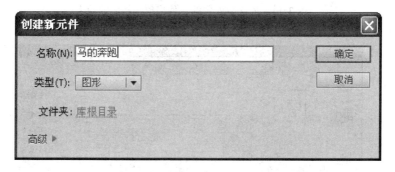

图 3-12　创建"马的奔跑"图形元件

图 3-13　在相应的帧处创建空白关键帧或普通帧

(7) 在图形元件"马的奔跑"中，依次将库中的 01～08 共八张分解动作元件按顺序拖放到时间轴中对应的第 1、3、5、7、9、11、13、15 帧处，并设置每个分解动作在舞台中的坐标位置为(0，0)点，则该元件制作完成，如图 3-14、图 3-15 所示。

图 3-14　依次将库中的元件拖放到相应的帧上

图 3-15　每个分解动态的坐标设置为(0、0)点

任务二　场景动画制作

任务目标

❖ **场景造型绘制**

1. 场景素材图片的处理。
2. 场景素材的图层设置。

❖ **场景动画元件制作**

1. 场景素材的元件制作。
2. 场景元件的动画设置。

知识链接

一、Flash 动画场景的分层绘制方法

项目二动画场景的设计与制作中已经演示过动画场景的基本层次划分，如前景、中景、后景。本项目重点讲授分层的目的，即依据镜头动画的需要来进行划分。如本项目将马设计为由场景左侧的山间跑入，然后横穿中间道路，从对侧山间跑出，这就决定了本场景的划分至少要设置两个层次，即前景和后景，目的就是给马的奔跑留出活动空间。

二、场景动画设计的基本原理与方法

因为动画场景的存在就是依据故事剧情和镜头表现进行设计的，所以从动画场景在镜头中的视觉表现来看只存在动与静两种，动态的二维场景动画一般是根据镜头运动的需要提前将镜头效果在场景内容设计中准备完整，这样在具体的镜头合成中只需要将角色进行对位就可以了。而当涉及有景别变化的场景动画时，就需要根据镜头调度中的视觉需要给场景中的每个层次区域制作不用的动画运动效果，以实现空间变化的真实性。

技能训练　　**场景动画元件的制作**

(1) 在"基础性镜头动画"文档的场景层级新建图层"场景素材"，并删除之前的"分解动作参考"和"动态绘制"两个图层，如图 3-16 所示。

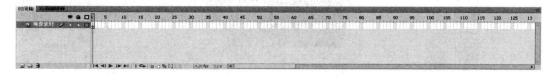

图 3-16　创建新的图层"场景素材"

(2) 在"场景素材"图层导入场景素材图片到舞台，并设置图片在舞台中的坐标为(0，0)，如图 3-17、图 3-18 所示。

图 3-17　在"场景素材"图层导入场景素材　　　图 3-18　设置场景素材坐标为(0，0)

(3) 在舞台中选中场景素材，右击鼠标选择"分离"选项，如图 3-19 所示。

图 3-19　将场景素材进行分离处理

(4) 在工具栏中选择"套索工具"，并在工具栏的最下方点选"多边形模式"，用此工具在场景素材图片中进行后景层次内容的选取，如图 3-20、图 3-21 所示。

图 3-20　选择"套索工具"及模式　　　　图 3-21　使用"套索工具"选取场景的后景区域

（5）双击所选取的区域，使其处于选中状态，按组合键"Ctrl + G"将该区域进行打组，如图 3-22 所示。

图 3-22　所选区域打组后的效果

（6）在图层控制区域新建图层"前景"，修改"场景素材"图层名称为"后景"，如图 3-23 所示。

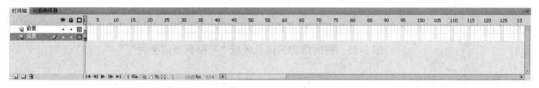

图 3-23　新建图层"前景"并修改"场景素材"图层名称为"后景"

（7）在选中"后景"图层的状态下，点选场景素材中的前景区域，右击"剪切"选项，然后点击"前景"图层，在舞台中右击鼠标选择"粘贴到当前位置"选项，完成该部分的操作，如图 3-24、图 3-25 所示。

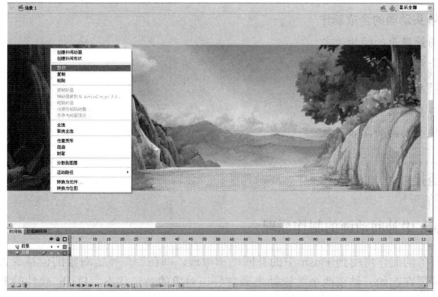

图 3-24　在"后景"图层剪切前景区域

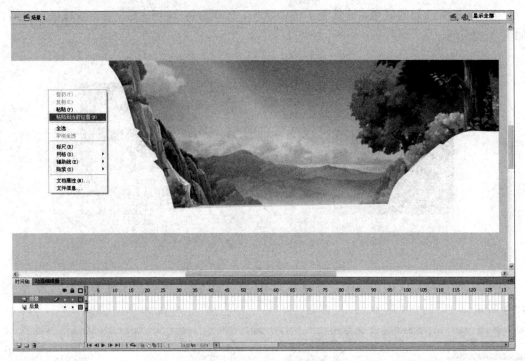

图 3-25　将所剪切的前景区域"粘贴到当前位置"

任务三　镜头动画的合成制作

任务目标

❖ **镜头动画的合成制作**
1. 场景显示时间的设定。
2. 马奔跑补间动画的制作。

❖ **镜头动画的输出**
1. 镜头动画的效果测试。
2. 镜头动画的发布设置。

知识链接

一、Flash 中补间动画的制作原理

本任务的制作将用到 Flash 中的补间动画原理，即在制作特定对象的位移或大小动画时，只需要在起始、结束两个关键帧上调整好该对象的特定状态，Flash 软件的补间动画选项会直接计算生成中间的过渡性动画。

二、Flash 动画输出的相关设置方法

在 Flash 动画项目制作完成后需要在"发布设置"面板进行输出格式和文件保存位置等选项的设置，如图 3-26 所示。本部分主要涉及发布格式、输出文件的位置、当前所选格式的质量和效果设置、配置文件设置、播放器和脚本设置等，在依据设计者的需要设置完毕之后直接点击"发布"按钮，Flash 软件将自动生成动画视频文件，并保存到所设定的盘符路径。

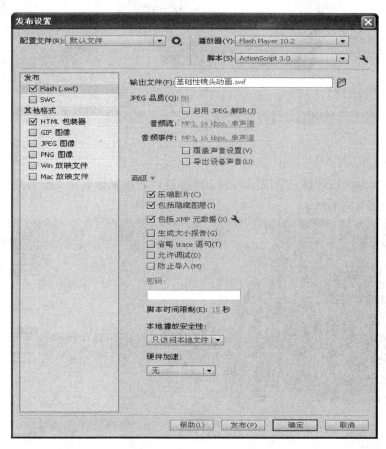

图 3-26　Flash 软件中的"发布设置"面板

技能训练　　镜头动画的合成输出

(1) 上接任务二，在图层控制区域新建"马的奔跑"图层，并将其拖至 "前景"图层和 "后景"图层之间，如图 3-27 所示。

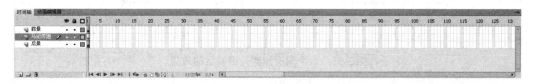

图 3-27　新建"马的奔跑"图层并将其拖至图层"前景"和图层"后景"之间

(2) 先将"前景"图层的显示关掉，在库中拖动"马的奔跑"元件到"马的奔跑"图层的第 1 帧，并调整其大小为 100 像素×72 像素，在舞台中设置其底端位置与场景中间道路平齐，如图 3-28、图 3-29 所示。

图 3-28　将"马的奔跑"元件拖放到舞台　　　　　　图 3-29　设置"马的奔跑"元件大小

(3) 在时间轴区域选择三个图层的第 100 帧处，右击鼠标选择"插入关键帧"选项，如图 3-30、图 3-31 所示。

图 3-30　在三个图层的 100 帧处选择"插入关键帧"

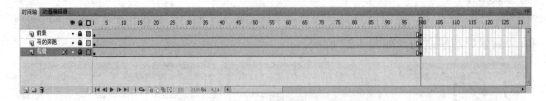

图 3-31　三个图层创建关键帧后的效果

(4) 隐藏"前景"图层，点击"马的奔跑"图层两个关键帧中间的任意位置，右击选择"创建传统补间"选项。然后将时间轴指针拖动至 100 帧处，将该帧上的"马的奔跑"图形元件平移到舞台的右侧区域，如图 3-32、图 3-33 所示。

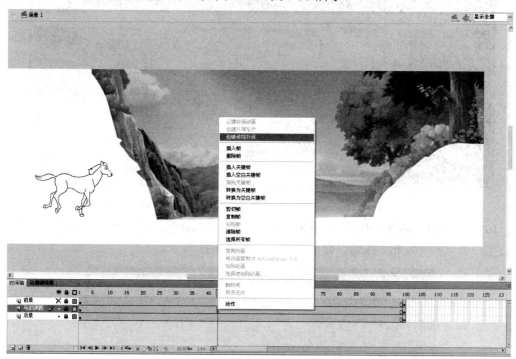

图 3-32 给"马的奔跑"图层创建补间动画

图 3-33 设置"马的奔跑"图层 100 帧处效果

(5) 按"Ctrl + Enter"组合键测试动画效果，如图 3-34 所示。

图 3-34　按"Ctrl+Enter"组合键测试动画效果

(6) 按"Ctrl + Shift + F12"组合键打开"发布设置"面板，进行"swf"格式影片的基本设置，并点击"发布"按钮，完成该项目，如图 3-35 所示。

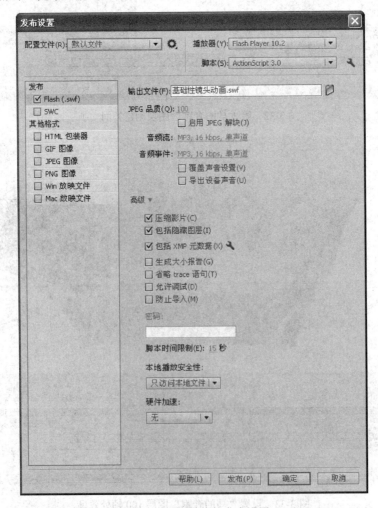

图 3-35　项目最终的发布设置

项 目 小 结

　　本项目在角色动画的制作、场景动画的制作、镜头动画的合成、镜头动画的发布设置等方面进行了较为详细的介绍，目的是使学生掌握 Flash 动画中基本镜头动画的构成和基本的设计与制作方法，在具体的技术方面则重点讲解了角色动画元件的制作以及动态角色补间动画的制作，为接下来较为复杂和综合性的项目制作打下基础。

思 考 与 练 习

　　1. 请思考如何运用特定角色类别的运动规律进行相应角色动画的设计与制作。

　　2. 请思考镜头动画中场景图层处理的方法及制作中需要注意的问题。

　　3. 请自选商业动画中的基础性镜头动画进行临摹性设计与制作。

实训项目四　公益广告动画的设计与制作

 项目分析

　　本项目是以 2019 年第十一届全国大学生广告艺术大赛的公益类广告选题为案例，重点讲解公益类广告动画的设计、制作方法及流程。本项目所涉及的具体创意表现手法为线条效果，依据广告创意文案的设定给片中角色设计并制作逐帧动画。另外，本项目除了其广告项目的本质外，更是对 Flash 逐帧动画设计方法与制作技术的详细讲解。在具体设计上，本项目先依据广告大赛选题设定广告文案及影片视觉风格，之后按照 Flash 动画设计与制作流程进行角色与镜头效果的设计与制作，其最核心的步骤是每个镜头中角色的动画设计与制作，最后设定背景音乐与字幕效果，完成所有设计与制作后进行发布设置输出成品。图 4-1 所示为公益广告动画《家·责任与担当》视觉效果。

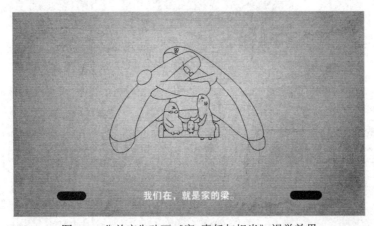

图 4-1　公益广告动画《家·责任与担当》视觉效果

 知识目标

1. 公益广告动画的文案创意方法。
2. 公益广告动画的视觉风格设定方法。
3. 公益广告动画的文字分镜脚本的写作方法。
4. 公益广告动画的画面分镜设计与表现手法。
5. Flash 逐帧动画设计与制作方法。
6. 给 Flash 动画添加背景音乐的方法。

能力目标

1. 能够独立进行公益广告文案的创意写作。
2. 能够独立进行公益广告动画视觉效果及美术设定。
3. 能够独立进行公益广告动画的镜头动画制作。
4. 能够熟练掌握在 Flash 中给动画添加背景音乐的方法。

任务一　公益广告文案创意设计

任务目标

❖ **公益广告文案设计**

1. 公益广告选题分析。
2. 公益广告文案设计。

❖ **公益广告动画文字分镜设计**

1. 公益广告动画文案写作。
2. 公益广告动画文字分镜设计。

知识链接

一、广告文案的创意写作方法

资深营销策划人叶茂中说过，"对于每一位广告人来说，创意是生活，更是生命。将创意融入营销策划的每一个环节，创意地调研、创意地定位、创意地制定策略、创意地表现与执行、创意地管理、创意地沟通，甚至创意地活着，必须这样"。

所谓创意是指提出创造性的想法或构思，即创造性的思维活动，然而在具体的广告文案中，设计者并非可以绝对自由地进行创意，必定受到广告主题的限定。设计者依据具体广告主题进行创意实践时可依照发散思维、聚合思维、群体思维等方法。广告文案的创意过程大致可分为五个阶段：搜集资料阶段、分析资料阶段、酝酿阶段、顿悟阶段、发展并验证创意阶段。本项目的文案创意起点是以"家"为载体的"责任与担当"主题，创意过程中根据 15 秒的动画制作时长要求，在主题的基础上进行时间分段，采用时间分段与故事结构相结合的方式进行文案创意构思。

二、动画文字分镜的写作方法与规范

一般的动画分镜头设计是动画导演运用动画的表现手段把文学剧本描写的形象创造性地表达出来，即对动画剧本的镜头化和视觉化的文字描述。公益广告动画文字分镜的写作就是依照广告文案的具体内容，将其进行镜头连贯性的文字表述，每个镜头的文字描述内容包括镜头号、镜头长度、景别、表现方式、画面内容、声音效果的起止位置等。

技能训练　　**广告文案创意与动画文字分镜写作**

(1) 首先对公益广告的选题进行分析，第十一届大广赛公益命题为"责任与担当"。立足该选题先对选题的具体载体进行确定，即"家"，然后借助动画思维，将家的形体结构特点与人的形体进行结合，家庭成员即家的构成的概念。

(2) 顺接(1)中的分析，在动画表现时长 15 秒的限定下进行公益广告具体文案的构思。即将一个普通家庭在时间演变过程中每个年龄段的人对家的贡献作为主框架，进行具体文案内容的写作。之后确定为以成人、老人、孩子为三个分主体，每个分主体代表一个人在每个阶段对家的责任与担当。最终确定的广告文案如下：

01：我们在，就是家的梁。(成人视角)

02：我们不敢变老，要呵护家的希望。(老人视角)

03：我，努力成长，让家温暖如常。(孩子成长视角)

04：家，存在于每个成员的责任与担当。(整体视角)

(3) 按照(2)中所确定的四句文案进行进行公益广告文字分镜脚本的改写。

镜头 01：(平视，全景)画面伊始，夫妻(成人)两人相互拥抱搭成家的房屋结构，房屋内两位老人坐在沙发呵护着中间的孩子。成人逐渐脱离房屋结构渐渐变小，并左右跨出画面，寓意外出工作奔忙。

镜头 02：(平视，全景)坐在沙发上的两位老人离开沙发，渐渐变大，相互维持组合成家的房屋结构。

镜头 03：(平视，全景)两位老人逐渐变小退坐在沙发并渐变成墙上的两张照片，同时，两位成人左右入画，身体逐渐变大相拥搭成房屋的样子，沙发上的孩子同步渐渐长大。

镜头 04：(平视，全景)两位成人逐渐变小，渐变到沙发两旁挂着拐杖，中间的孩子努力长大，独自渐变成一所房子结构，守护着两位老人。

镜头 05：(平视，全景)镜头四的温馨画面渐变成"家"这个汉字的篆体形象，画面定格。

任务二　公益广告动画风格及画面分镜设计

任务目标

❖ **公益广告动画风格设定**

1. 公益广告动画视觉风格设定。

2. 公益广告动画角色形象设定。

❖ **公益广告动画画面分镜设计**

1. 公益广告动画的画面分镜设计。

2. 公益广告动画的动态分镜制作。

知识链接

一、公益广告动画风格与表现手法

　　综观常见的公益广告作品，其风格类型多样，或影像实拍，或动画虚拟制作呈现。或真人与动画两者相结合。具体的风格与表现手法则由设计者根据文案设定、播放渠道、受众群体等方面的因素选择最佳的视觉效果来进行制作。在本项目中，本身的创意思维即一种动画思维，大胆地选择人物角色的形体与象征性房屋结构的形变，在具体的视觉风格呈现上选择了更直观的单线效果，一是方便逐帧动画的制作，二是以简洁明了的动画效果鲜明地阐述了公益广告的主题。

二、公益广告动画画面分镜的设计与表现手法

　　对公益广告动画进行画面分镜设计与表现其实就是依据设定好的文字分镜头脚本进行镜头画面的视觉化设计，即对广告动画视听效果的预演。在具体表现上要求每一个镜头的创作意图都要有镜头画面和文字描述部分，并尽量详细地表达清楚如何实施制作的意图。每一个画面分镜一般包括镜头号、镜头画面、内容说明、时间长度等方面的内容。画面效果的设计与绘制与最终的画面视觉效果越接近越好，以保障后续团队制作时的风格指导性和统一性。

技能训练　　公益广告动画风格设定及画面分镜设计

　　(1) 按照项目任务一和任务二中的设定，进行公益广告动画视觉效果和角色形象设计，如图 4-2 所示。

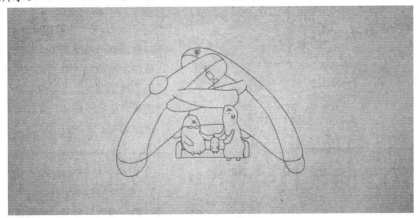

图 4-2　公益广告动画《家·责任与担当》视觉风格设定

　　(2) 依据任务二中的文字分镜头脚本进行该公益广告动画画面分镜的制作，如表 4-1 所示。

表 4-1　画面分镜制作

镜头号	画　　面	内　　容	时间长度
01		(平视，全景) 画面伊始，夫妻(成人)两人相互拥抱搭成家的房屋结构，房屋内两位老人坐在沙发呵护着中间的孩子。成人逐渐脱离房屋结构变小，并左右跨出画面，寓意外出工作奔忙	1.5 秒
02		(平视，全景) 坐在沙发上的两位老人离开沙发，渐渐变大，相互维持组合成家的房屋结构	2.3 秒
03		(平视，全景) 两位老人逐渐变小退坐在沙发并渐变成墙上的两张照片，同时，两位成人左右入画，身体逐渐变大相拥搭成房屋的样子，沙发上的孩子同步渐渐长大	4.3 秒
04		(平视，全景) 两位成人逐渐变小，渐变成沙发两旁并挂着拐杖，中间的孩子努力长大，独自渐变成一所房子结构，守护着两位老人	4.4 秒
05		(平视，全景) 镜头四的温馨画面渐变成"家"这个汉字的篆体形象，画面定格	2.5 秒

(3) 在 Flash 软件中新建 FLA 文档，命名为"公益广告动画"并保存到指定的盘符。文档舞台大小设置为 1280 像素×720 像素，帧频设置为 8 帧/秒，如图 4-3、图 4-4 所示。

图 4-3　新建名为"公益广告动画"的 FLA 文档　　　图 4-4　设置文档舞台大小及帧频

(4) 在图层控制区域将图层一改名为"分镜"，分别在时间区域的第 14、32、66、101 帧处按快捷键 F6 创建关键帧，在第 121 帧处按 F5 创建普通帧，如图 4-5 所示。

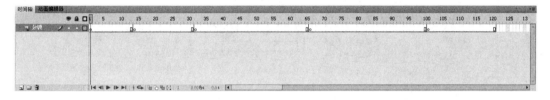

图 4-5　在"分镜"图层相应的时间点创建关键帧和普通帧

(5) 将画面分镜中绘制好的 5 个镜头画面分别保存为独立的图片，并依次导入"分镜"图层的第 01、14、32、66、101 帧处，如图 4-6～图 4-10 所示。

图 4-6　第 01 帧导入画面分镜效果

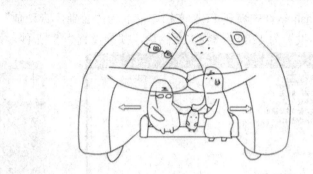

图 4-7   第 14 帧导入画面分镜效果

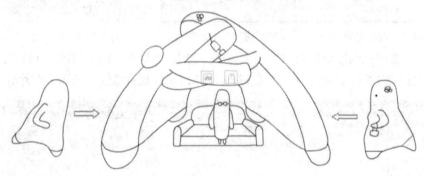

图 4-8   第 32 帧导入画面分镜效果

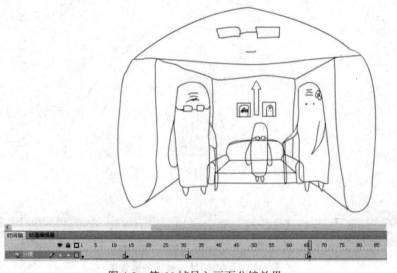

图 4-9   第 66 帧导入画面分镜效果

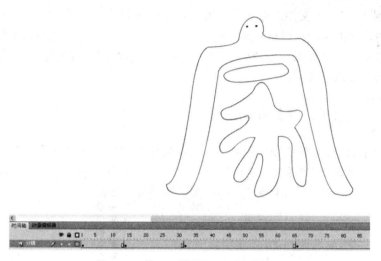

图 4-10　第 101 帧导入画面分镜效果

任务三　公益广告的动画制作

任务目标

❖ 公益广告的动画设计与制作

1. 公益广告动画镜头 01 动画设计与制作。
2. 公益广告动画镜头 02 动画设计与制作。
3. 公益广告动画镜头 03 动画设计与制作。
4. 公益广告动画镜头 04 动画设计与制作。
5. 公益广告动画镜头 05 动画设计与制作。

知识链接

一、逐帧动画设计的原理与技法

　　Flash 中的逐帧动画就是根据动画设计者对角色设定的动态或表演需要，按照角色的动态顺序一张一张地绘制，在 Flash 软件的时间轴区域直接呈现为连贯的关键帧。因每一帧上的分解动态不同且具连贯性，所以在播放动画时就能看到角色的动态效果。本项目主要采用这种动画设计和制作方式来实现，一般情况下越精细的逐帧动画设计，角色的动态和表演就越流畅和连贯。

二、动画设计中的时间与节奏把握

　　在动画设计中，时间作为一套动态的计量标准一般是以"秒"来计量的，在 Flash 中则可以精确到"帧",而文档的帧频设置就决定了动画时间中一秒钟包含多少帧。在具体的动画设计时,根据所设计对象和影片动画风格的不同,角色完成动态所需要的时间标准也不一样,但会有一个基本的参考标准,即自然运动规律,所有动画的时间和节奏设计都在此基础上进行风格化或表演性的再设计。

技能训练 **公益广告的动画制作**

(1) 在文档时间轴面板的图层控制区域依次创建"背景底色""沙发""小孩子""成年男""成年女""老人组""成人变老组""字体变形""字幕"等图层,如图 4-11 所示。

图 4-11 依次创建九个新的图层

(2) 参考"分镜"图层内容,在其他所涉及的图层中使用"线条工具"或"铅笔工具"绘制出基本造型,在"背景底色"图层导入底色素材,在"字幕"图层底端位置使用"文本工具"输入广告文案中的第一句话"我们在,就是家的梁",如图 4-12、图 4-13 所示。

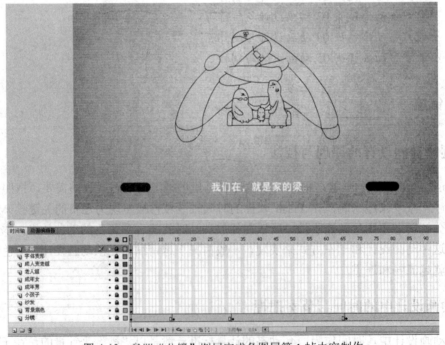

图 4-12 参照"分镜"图层完成各图层第 1 帧内容制作

图 4-13 "文本工具"的选择

(3) 在"字幕""老人组""小孩子""沙发""背景底色"等图层的第 14 帧处按 F5 键插入普通帧，增加图层的显示时间，如图 4-14 所示。

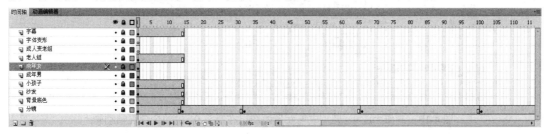

图 4-14 给相应图层设置显示时间长度

(4) 在"成年男""成年女"图层的第 2 帧处按 F7 键创建空白关键帧，打开时间轴区域的"绘图纸外观"功能，设置该功能的外观包裹范围，并使用"线条工具"或"铅笔工具"分别绘制出"成年男""成年女"两图层第 2 帧的动画渐变后的造型，如图 4-15 所示。

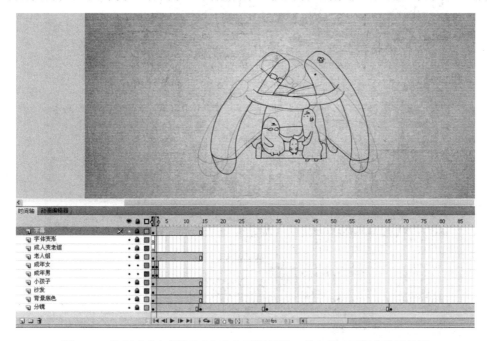

图 4-15 绘制"成年男""成年女"两图层第 2 帧上的动画渐变造型效果

(5) 按照(4)的方法，依次绘制出"成年男""成年女"两图层在镜头 01 中整个逐帧形变动画，如图 4-16 所示。

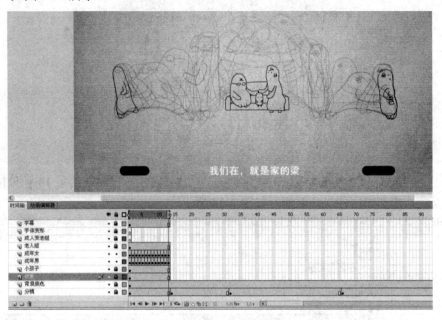

图 4-16　制作"成年男""成年女"两图层在镜头 01 内的全部逐帧动画

(6) 分别依照(3)、(4)、(5)中的制作方法，完成镜头二中"老人组"图层中的逐帧动画，在"字幕"图层中添加文案"我们不敢变老，要呵护家的希望。"完成其他图层显示时间长度的延长，如图 4-17 所示。

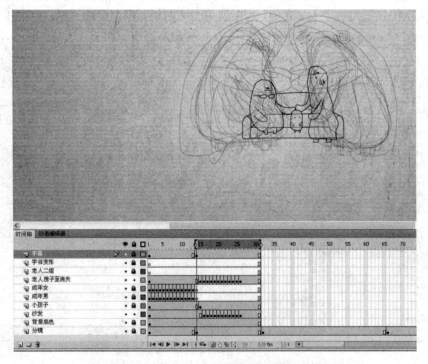

图 4-17　制作镜头 02 中相应图层的全部逐帧动画

(7) 分别依照(3)、(4)、(5)中的制作方法，参考画面分镜完成镜头 03 中相应图层的逐帧动画，以及其他图层显示时间长度的延长，如图 4-18 所示。

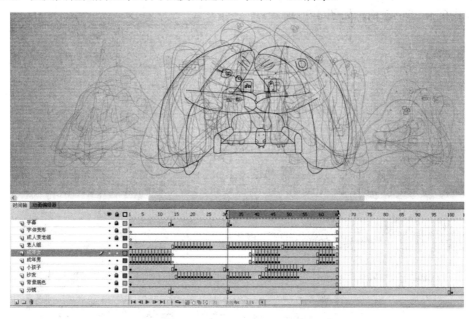

图 4-18　制作镜头 03 中相应图层的全部逐帧动画

(8) 分别依照(3)、(4)、(5)中的制作方法，参考画面分镜完成镜头 04 中相应图层的逐帧动画，在"字幕"图层中添加文案"我努力成长，让家温暖如常。"完成其他图层显示时间长度的延长，如图 4-19 所示。

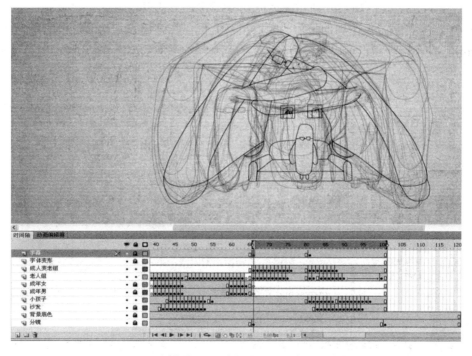

图 4-19　制作镜头 04 中相应图层的全部逐帧动画

(9) 分别依照(3)、(4)、(5)中的制作方法，参考画面分镜完成镜头 05 中相应图层的逐帧动画，在"字幕"图层中添加文案"家，存在于每个成员的责任与担当。"完成其他图层显示时间长度的延长，如图 4-20 所示。

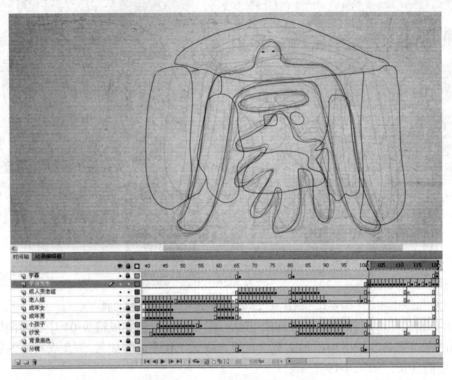

图 4-20　制作镜头 05 中相应图层的全部逐帧动画

(10) 选中"字幕"图层的最后一帧，按 F9 键，在弹出的动作面板中的第一行添加"stop();"命令，使项目最后定格在"家"的文字显示画面，如图 4-21 所示。

图 4-21　为"字幕"图层的最后一帧添加停止命令

任务四　公益广告动画的合成与输出

任务目标

❖ **公益广告片头动画制作**

1. 公益广告动画的片头设计。

2. 公益广告动画的片头制作。

❖ **公益广告动画的合成与输出**

1. 公益广告动画背景音乐的添加。

2. 公益广告动画的影片输出。

知识链接

一、公益广告片头动画的设计方法

　　一般的公益广告在整片的设计中可以省略片头直接进入内容，而在片尾以广告语的方式点出主题，或者直白地显示广告主题类信息。本项目的制作中为了保持广告的完整性，将添加一个带有明确广告主题意图的片头效果。本部分的制作主要涉及 Flash 软件中场景的操作，通过场景添加和顺序切换来实现设计者所需要的动画效果。

二、公益广告动画合成输出的要求与规格

　　动画设计与制作环节完成后，将涉及背景音乐的添加和最后的合成输出。Flash 动画的音乐添加和合成输出一般有两种操作类型，一种是将制作好的动画输出高清图片序列，然后在其他专业的后期合成软件中进行合成和成片输出；另一种则是直接在 Flash 中进行操作。后一种方法需要注意音乐素材准备的格式以及声音音效处理的简单化问题。

技能训练　　公益广告动画的合成与输出

　　(1) 在"公益广告动画"文档中创建新的场景，在场景控制面板中将新创建的"场景 2"改名为"片头"，并将其顺序拖至"场景 1"的上面，这样该文档的播放顺序就是由片头到场景 1，如图 4-22～图 4-24 所示。

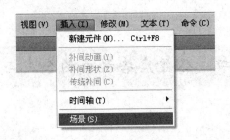

图 4-22　创建新的场景

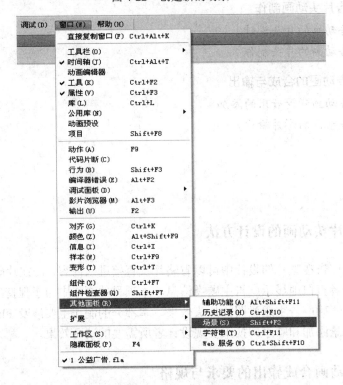

图 4-23　调出场景面板

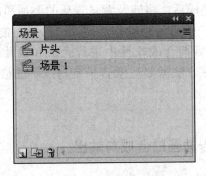

图 4-24　设置播放顺序

(2) 在"片头"场景中将图层一的名称改成"背景"，并将库中的背景底色素材拖放至舞台，调整素材大小与舞台一致，坐标位置归 0，如图 4-25 所示。

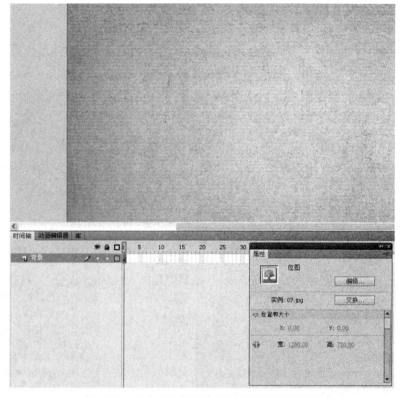

图 4-25　"片头"场景中背景素材的处理效果

(3) 给"背景"图层设置 60 帧的播放长度,新建"片头文字"图层,并在该图层使用"文本工具"添加文字"家 责任·担当",并设计其文字类型及显示效果,如图 4-26 所示。

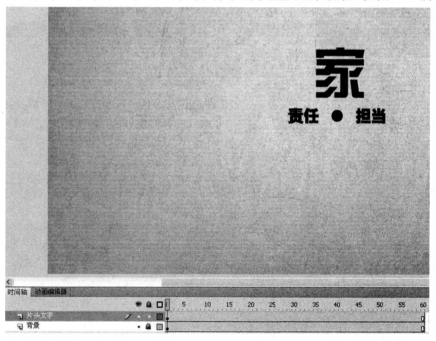

图 4-26　创建"片头文字"图层并添加内容

(4) 在"片头文字"图层的第 30 帧、60 帧处创建关键帧，并在第 1 帧～30 帧、第 30～60 帧之间创建补间动画，选择第 1 帧上的文字内容，在属性面板的 "色彩效果"小模块中找到"Alpha"样式，并设置其数值为 0，第 60 帧上文字内容的透明度设置与第 1 帧一样，如图 4-27～图 4-29 所示，则片头动画部分制作完成。

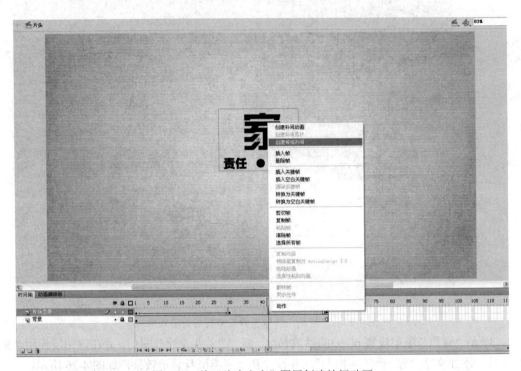

图 4-27　给"片头文字"图层创建补间动画

图 4-28　选择关键帧内容的透明度样式

图 4-29　设置关键帧内容的透明度为 0

(5) 删除"公益广告动画"文档中的"分镜"图层，新建"背景音乐"图层，如图 4-30 所示。

图 4-30 创建新的"背景音乐"图层

(6) 在菜单栏中选择"文件"→"导入"→"导入到库"选项，将"背景音乐.mp3"文件存放在 Flash 软件的库中，如图 4-31、图 4-32 所示。

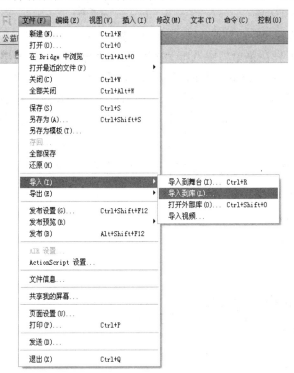

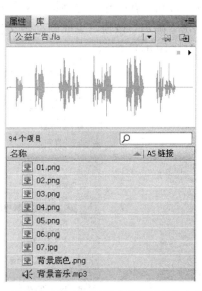

图 4-31 将"背景音乐.mp3"文件导入到库　图 4-32 导入成功后存放于库中的背景音乐文件

(7) 在时间轴区域点选"背景音乐"图层的第 1 帧，然后在属性面板的声音小模块下点击"名称"选项，在下拉框中选择"背景音乐.mp3"，这样背景音乐就自动添加到了时间轴中，如图 4-33、图 4-34 所示。

图 4-33　给背景音乐图层选中对象

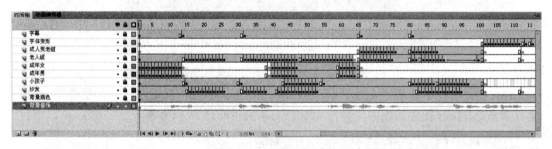

图 4-34　添加背景音乐成功后的"背景音乐"图层效果

(8) 以上内容全部制作完毕后，接下来在菜单栏中选择"文件"→"导出"→"导出影片"选项，在弹出的对话框中选择文件保存类型为".avi"，并设置保存路径。点击"保存"按钮，在弹出的对话框中对导出影片进行尺寸、视频格式、声音格式等的设置，最后点击"确定"按钮，生成的动画文件将自动保存到前面设置好的指定路径文件夹中，如图4-35～图 4-37 所示。

图 4-35　选择"导出影片"

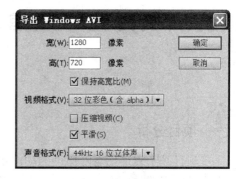

图 4-36　设置影片保存格式　　　　　　　图 4-37　设置影片相关属性

项 目 小 结

　　本项目以 Flash 动画中的逐帧动画为核心讲解要素，并在此基础上选择一个完整的公益广告动画案例来进行详细讲授。从公益广告的选题、选题分析、创意文案写作，到与 Flash 动画设计与制作最直接相关的广告文案的动画分镜头脚本写作、广告动画的视觉风格设定、动画画面分镜设计，再到镜头动画的设计与制作、背景音乐的添加、片头动画的制作、影片文件的设置与输出等一系列的规范操作，旨在使学生完整掌握一般广告动画的设计与制作流程，能够独立进行相关案例的实践操作。

思 考 与 练 习

　　1. 请思考公益类广告动画与商业类广告动画在文案策划方面的区别与联系。
　　2. 请思考公益类广告动画设计与制作的流程及制作规范。
　　3. 请自命主题进行公益类广告动画的设计与制作。

实训项目五　微信动态表情包设计与制作

 项目分析

本项目基于袁贵飞老师原创的动漫形象类产品开发，主要是以"小蓝猫"为主体形象的系列微信表情类动画，图 5-1、图 5-2 为该套表情的下载二维码和主体形象视觉效果。

图 5-1　微信表情下载二维码　　　　　图 5-2　小蓝猫主体形象视觉效果

随着网络化的快速发展和普及，微信平台早已成为动漫形象的传播平台。设计者可以自主设计开发原创动漫形象类表情动画，并将其上传至微信平台中的表情商城，供所有用户选择下载。本项目即为该类型设计的典型代表，在微信平台发布后收到良好反响。该类型的动画基于一个优秀的造型设计在网络社交文化中产生，继而在此基础上开发一系列夸张化的视觉表情，用于社交中的情感表达。就其制作的技术性来说，其基于逐帧动画和补间动画原理，即每一个独立表情动态都由一套独立的动画来实现，并搭配对特定表情的文字性注释，制作完成后生成 GIF 格式的动态图片格式。

 知识目标

1. 微信表情类主体性角色形象的设计方法。
2. 微信表情类动画设计的类型设定。
3. 微信表情类动画设计与制作规范。
4. 微信表情包各表情类型动画设计方法。
5. 微信表情动画的发布设置及输出方法。

 能力目标

1. 能够独立设计微信表情类动画的主体形象。

2. 能够对微信表情包的动画表现类型进行较全面的归纳和细分。

3. 能够对每个独立的微信表情进行动画设计和制作。

4. 能够对整套表情动画制作进行规范操作和成品输出。

任务一　微信动态表情包形象设计

任务目标

❖ 微信动态表情包形象设计

1. 微信动态表情包主体角色形象的设计。

2. 微信动态表情包主体角色造型的三视图制作。

❖ 微信动态表情包类型设计

1. 研究当前典型微信动态表情在交流中的主要表达范围。

2. 对微信动态表情的主体形象适合表达的范围进行界定。

❖ 微信动态表情包各类型具体化形象设计

1. 依据主体角色形象的情感表达范围进行文案性归类。

2. 依据文案设定对各类情感进行具体化形象设计。

知识链接

一、微信动态表情包形象造型设计方法

当前微信动态表情主要分为视频拍摄加文字注释类、网红形象加文字注释类、夸张另类造型加文字注释类、经典动漫角色形象加文字注释类等。除视频拍摄类和夸张另类造型外，最主流的当属动漫类造型，该类动态表情为适应交流平台的流畅性和动画性情绪表达的直观性，往往在造型设计上追求角色形象的简洁性、形象特征的突出性、角色形象的易识性，以及情感内容表达的准确直观性，所以其基本造型以更具动漫思维化表达的Q版形象为主，在设计基本主体形象时需注意通盘考虑该角色的性格特点、外观形象特点，以及在设计和表现各种可能性情感动态方面的可实施性。

二、微信动态表情包类型设计规范

在进行微信动态表情设计时，最基本的原则就是保持角色形象在所涉及的各类表情动态中展现出来的角色性格塑造的统一性，所以在设计之初就要对角色的鲜活性格、动态特点、情感表达方式等基本风格进行设定。之后在基本风格设定的基础上保持各动态表情中角色形象的准确性以增强角色的品牌识别性，最后需注意的是所有动态表情中动画制作质

量的统一性和动态情绪化表达的准确性。有了以上的设计规范才能保障角色形象在用户使用过程中的易识别性，从而有利于动画角色品牌的形成以及系列衍生产品的开发。

技能训练　　微信动态表情包形象设计

(1) 制作微信动态表情的第一步就是对角色主体形象进行设计，在设计时可先重点研究几种当前微信或其他交流平台最受欢迎角色形象的特点，再结合自己的创意进行设计。本项目中的"小蓝猫"角色就是袁贵飞老师以"可爱"为主要设计出发点，再结合小猫的现实形象进行的动漫化角色形象设计，如图 5-3 所示。

图 5-3　　"小蓝猫"主体角色形象设计稿

(2) 在 Flash 中新建 FLA 文档，命名为"小蓝猫角色形象三视图"，并保存在提前创建好的"小蓝猫微信表情"文件夹中，文档大小设置为 1920 像素×1080 像素，如图 5-4、图 5-5 所示。

图 5-4　新建"小蓝猫角色形象三视图"FLA 文档　　　　图 5-5　文档属性中舞台尺寸设置

（3）将设计好的"小蓝猫"主体角色形象设计稿导入到图层一第 1 帧处，调整图片大小及位置至方便可视，修改该图层名称为"造型参考"并锁定，如图 5-6、图 5-7 所示。

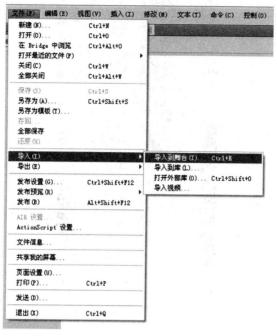

图 5-6　导入造型参考素材至舞台

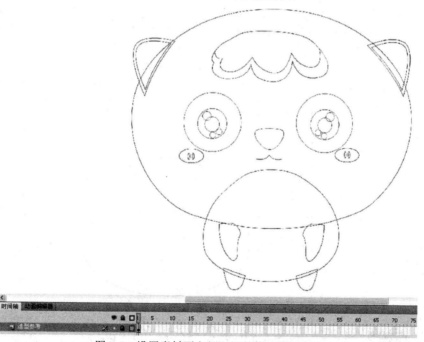

图 5-7　设置素材至方便可视并修改图层名称

（4）在图层控制区域新建图层"小蓝猫"，按照造型结构构成由后向前的顺序，使用"钢笔工具"并激活工具栏下端的"绘制对象"属性，参考"造型参考"图层结构先画出小蓝猫的身体造型，使用"颜料桶工具"填充白色，如图 5-8、图 5-9 所示。

图 5-8　选择使用"钢笔工具"

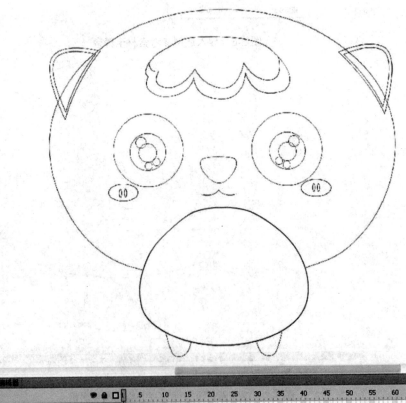

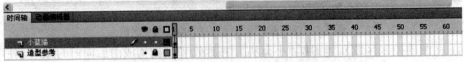

图 5-9　新建"小蓝猫"图层并绘制身体部分

（5）与(4)中的绘制方法一样，绘制出小蓝猫的头部轮廓及四肢造型，并填充白色，填色后删除多余的线条。当涉及的图层间有遮挡关系时，可借助图层控制区域的"线框显示"选项来设置可视化效果，如图 5-10、图 5-11 所示。

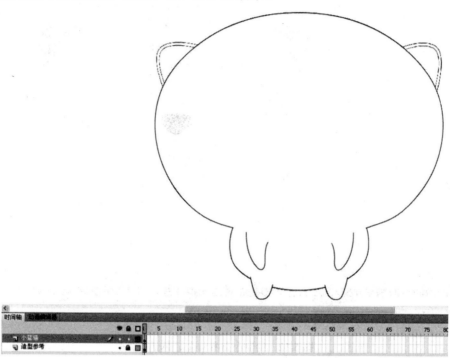

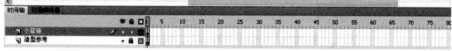

图 5-10　绘制小蓝猫头部轮廓及四肢造型

图 5-11　绘制过程中的线框显示模式

(6) 按照(4)、(5)的方法，继续完成耳朵、鼻子、嘴巴、头发等造型的绘制并填充相应的颜色，然后删除多余的线条，如图 5-12、图 5-13 所示。

图 5-12 绘制小蓝猫耳朵、鼻子等造型

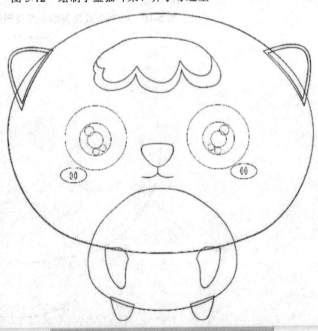

图 5-13 绘制过程中的线框显示模式

　　(7) 按照(4)、(5)的方法，使用工具栏中的"椭圆工具"完成眼睛、腮红等造型的绘制并填充相应的颜色，然后删除多余的线条，如图 5-14、图 5-15 所示。

图 5-14　绘制小蓝猫眼睛、腮红等造型

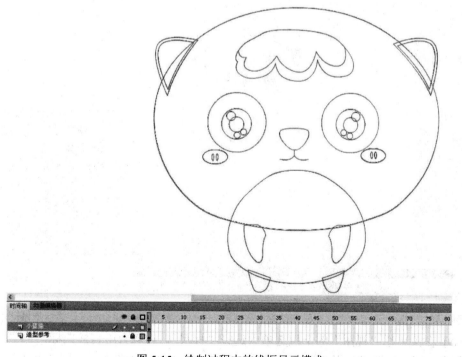

图 5-15　绘制过程中的线框显示模式

(8) 点选"小蓝猫"图层的第 1 帧，选中绘制好的全部造型，按下快捷键 F8，在弹出的对话框中设置转换成的元件类型为"图形"，并修改元件名称为"小蓝猫"，如图 5-16 所示。

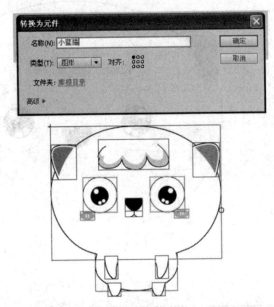

图 5-16　将绘制完成的小蓝猫造型整体转换成名为"小蓝猫"的图形元件

(9) 删除图层控制区域的"造型参考"图层，调整小蓝猫在舞台中的位置，在属性面板中将其大小在比例锁定的前提下设置宽为 400 像素，如图 5-17、图 5-18 所示。

图 5-17　删除"造型参考"图层并设置小蓝猫在舞台的位置　　　图 5-18　设置小蓝猫尺寸大小

(10) 在菜单栏"视图"的下拉选项中选择"标尺"，在舞台中自横向标尺位置按下鼠标左键拖出四条辅助线，用于界定小蓝猫造型的头身比例，如图 5-19、图 5-20 所示。

图 5-19　打开"标尺"显示

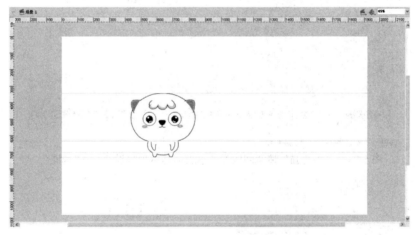

图 5-20　用辅助线界定小蓝猫的头身比例

(11) 在"小蓝猫"正面造型和头身比例线的参考下，逐步设计并绘制出"小蓝猫"造型的正背面和 3/4 侧面，至此"小蓝猫"造型部分制作完毕，如图 5-21、图 5-22 所示。

图 5-21　参考正面造型和比例绘制背面图　　　图 5-22　参考正面造型和比例绘制 3/4 侧面图

(12) 接下来对该主体形象进行动画类别的文案设计，根据常用范围及类型将该微信表情的动画类别设置为四个大类，分别为情绪回应类、支持类、小情绪类、日常类。具体如下：

　　情绪回应类表情："嗯嗯""我错了""哈哈哈哈""乐开花""疑问"。

　　支持类表情："花花送给你""为你打 CALL""拜托拜托"。

　　小情绪类表情："我生气啦""面壁思过""NONONO""呜呜呜"。

　　日常类表情："你的小可爱上线啦""拉粑粑""累到趴下""吃饭啦"。

　　(13) 参照前面设计和制作好的"小蓝猫"角色形象，依次新建五个独立的 FLA 文件，每个文档大小设置为 240 像素×240 像素，逐个为五个情绪回应类表情的动态设计基本形象，并参考前面的绘制方法进行造型和填色制作，如图 5-23～图 5-27 所示。

图 5-23　　"小蓝猫"情绪回应类动态表情基本形象设计——"嗯嗯"

图 5-24　　"小蓝猫"情绪回应类动态表情基本形象设计——"我错了"

图 5-25　"小蓝猫"情绪回应类动态表情基本形象设计——"哈哈哈哈"

图 5-26　"小蓝猫"情绪回应类动态表情基本形象设计——"乐开花"

图 5-27　"小蓝猫"情绪回应类动态表情基本形象设计——"疑问"

(14) 参照前面设计和制作好的"小蓝猫"角色形象，依次新建三个独立的 FLA 文件，每个文档大小设置为 240 像素×240 像素，逐个为三个支持类表情的动态设计基本形象，并参考前面的绘制方法进行造型和填色制作，如图 5-28～图 5-30 所示。

图 5-28　"小蓝猫"支持类动态表情基本形象设计——"花花送给你"

图 5-29　"小蓝猫"支持类动态表情基本形象设计——"为你打 CALL"

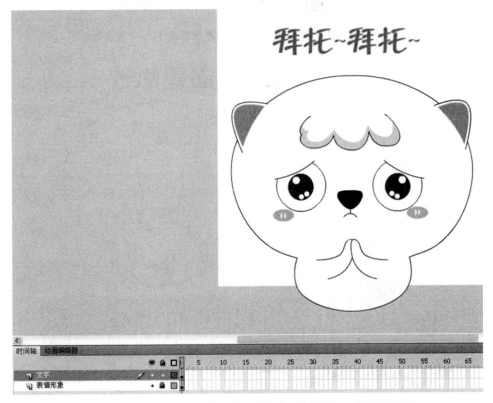

图 5-30　"小蓝猫"支持类动态表情基本形象设计——"拜托拜托"

(15) 参照前面设计和制作好的"小蓝猫"角色形象，依次新建四个独立的 FLA 文件，每个文档大小设置为 240 像素×240 像素，逐个为四个小情绪类表情的动态设计基本形象，并参考前面的绘制方法进行造型和填色制作，如图 5-31～图 5-34 所示。

图 5-31　"小蓝猫"小情绪类动态表情基本形象设计——"我生气啦"

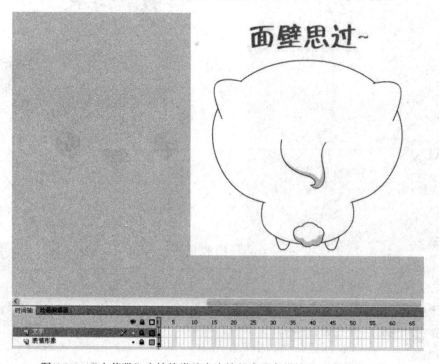

图 5-32　"小蓝猫"小情绪类动态表情基本形象设计——"面壁思过"

图 5-33　"小蓝猫"小情绪类动态表情基本形象设计——"NONONO"

图 5-34　"小蓝猫"小情绪类动态表情基本形象设计——"呜呜呜"

(16) 参照前面设计和制作好的"小蓝猫"角色形象,依次新建四个独立的 FLA 文件,每个文档大小设置为 240 像素×240 像素,逐个为四个日常类表情的动态设计基本形象,并参考前面的绘制方法进行造型和填色制作,如图 5-35～图 5-38 所示。

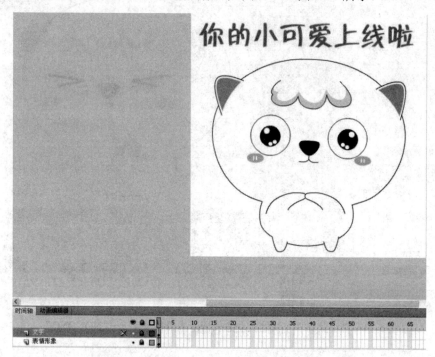

图 5-35　"小蓝猫"日常类动态表情基本形象设计——"你的小可爱上线啦"

图 5-36　"小蓝猫"日常类动态表情基本形象设计——"拉粑粑"

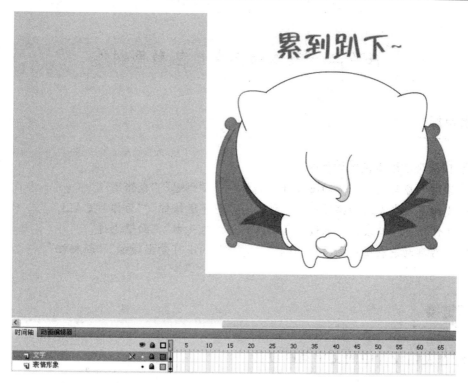

图 5-37　"小蓝猫"日常类动态表情基本形象设计——"累到趴下"

图 5-38　"小蓝猫"日常类动态表情基本形象设计——"吃饭啦"

任务二　微信动态表情包动画制作

任务目标

❖ **情绪类动态表情设计与制作**

1. 情绪回应类动态表情动画设计与制作——"嗯嗯""我错了"。
2. 支持类动态表情动画设计与制作——"花花送给你""为你打 CALL"。
3. 小情绪类动态表情动画设计与制作——"生气啦""面壁思过"。
4. 日常类动态表情动画设计与制作——"你的小可爱上线啦""拉粑粑"。

知识链接

一、动态表情设计中的文字动画设计

　　动态表情中的文字动画设计主要是对角色主体动态的注释，除以文字动画为主的表情外，多数微信表情中的文字动画相对比较简单、直接，是对角色动态的一种补充，所以在进行文字动画设计时最基本的设计内容分为两方面：一方面是文案设计，主要由当下最流行的网络用语或社会接受度比较高的娱乐性事件的核心主题词等构成，重点在于以好玩的角色动态形象来传达用户交流过程中的情感化感受，比纯文字交流在感官上更具活泼性和感染力；另一方面则是文字的视觉效果和动态效果设计，微信表情中的文字视觉效果普遍的设计风格为活泼可爱型的字体，且文字动画的构图设计多与角色动画设计中情感表现的核心出发点紧密结合，但绝不能喧宾夺主，它只是对角色动画的一种补充和画面构图完整性的需要。在一些制作精良的微信动态表情中，角色主体动画本身的寓意已经通过夸张化的情感动态表达得很精准了，这时文字动画也就没有了存在的必要。

二、动态表情中动画设计的规范和要求

　　在开发同一主体角色的系列动态表情时，第一个最基本的规范是角色主体形象的准确性和统一性，这就是最初设计和制作主体角色形象三视图的原因所在。第二个规范是保持角色动态中表演风格的统一性，这一点由设计者在早期角色设计时对角色的性格定位决定，在此基础上无论开发多少种动态表情都要保持角色形象塑造的统一性。第三个规范是动画设计时意图表达的准确性和简约性，动态表情动画只是一种直观的情感或情绪表达，不能涉及太多的寓意，且时间设定不能太长。第四个规范是开发动态表情时不能有太暴露，以及有损社会功德和国家形象的内容。

技能训练 1　微信动态表情包动画制作——情绪回应类表情

一、情绪回应类动态表情"嗯嗯"的具体步骤

（1）打开在动态表情基本形象设计阶段完成好的表情"嗯嗯"的 FLA 文件，在图层控制区域锁定"文字"图层，用"选择工具"框选"表情形象"图层的全部造型，按下快捷键 F8，将表情形象转换成图形元件，命名为"表情动画"，如图 5-39 所示。

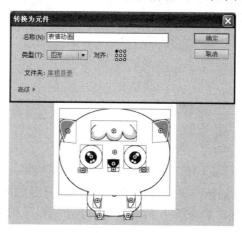

图 5-39　将"表情形象"图层内容选中并整体转换成名为"表情动画"的图形元件

（2）在场景 1 层级中双击"表情动画"图形元件，进入该元件内部，框选该表情形象的全部造型，右击鼠标在弹出的选项框中选择"分散到图层"命令，删除变成空白图层的"图层 1"，并将新生成的各图层名称改成与该图层内容相对应的结构名称，如图 5-40、图 5-41 所示。

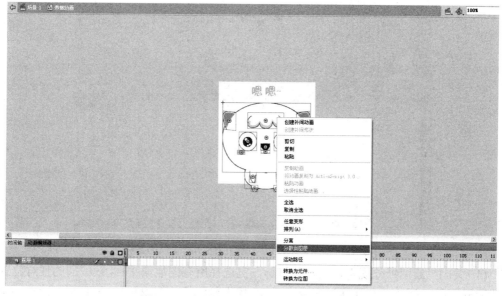

图 5-40　将表情形象各造型结构分散到图层

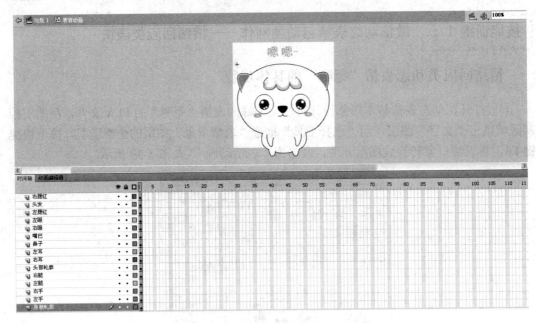

图 5-41 对新生成的各图层进行重命名

(3) 在各图层的第 4 帧处按下快捷键 F6 创建关键帧,打开时间轴区域的"绘图纸外观",调整其控制区域为 1～4 帧,参考第 1 帧内容制作小蓝猫微微抬头张开嘴巴的态势,如图 5-42 所示。

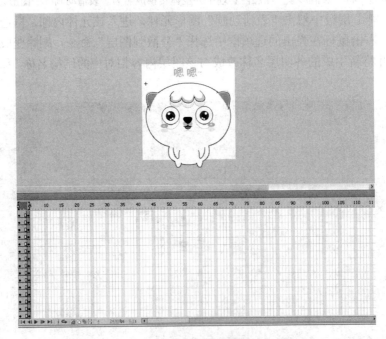

图 5-42 参照第 1 帧造型调整或绘制第 4 帧的态势

(4) 关闭"绘图纸外观"功能,用鼠标左键选择所有图层第 1～4 帧中间的任意位置,右击鼠标选择"创建传统补间"命令,1～4 帧小蓝猫抬头张嘴巴的动画制作完毕,如图

5-43 所示。

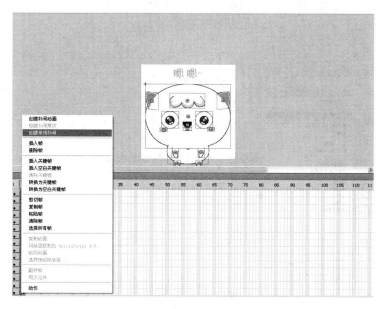

图 5-43　给所有图层的 1~4 帧之间创建传统补间动画

　　(5) 在各图层的第 7 帧处按下快捷键 F6 创建关键帧,打开时间轴区域的"绘图纸外观",调整其控制区域为 4~7 帧,参考第 4 帧内容制作小蓝猫微微低头的态势,如图 5-44 所示。

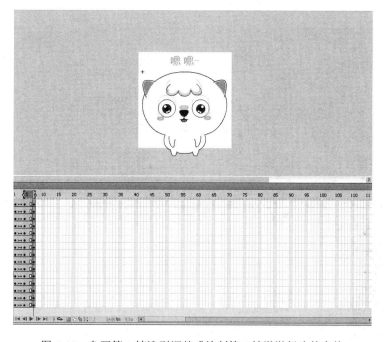

图 5-44　参照第 4 帧造型调整或绘制第 7 帧微微低头的态势

　　(6) 关闭"绘图纸外观"功能,用鼠标左键选择所有图层第 4~7 帧中间的任意位置,右击鼠标选择"创建传统补间"命令,4~7 帧小蓝猫微微低头的动画制作完毕,如图 5-45 所示。

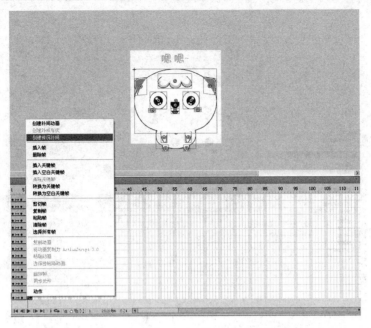

图 5-45　给所有图层的 4～7 帧之间创建传统补间动画

(7) 在各图层的第 10 帧处按下快捷键 F6 创建关键帧，打开时间轴区域的"绘图纸外观"，调整其控制区域为 7～10 帧，参考第 10 帧内容制作小蓝猫抬头的态势，如图 5-46 所示。

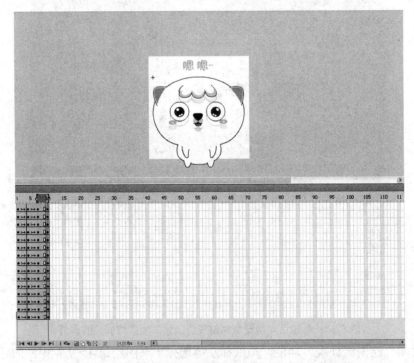

图 5-46　参照第 7 帧造型调整或绘制第 10 帧抬头的态势

(8) 关闭"绘图纸外观"功能，用鼠标左键选择所有图层第 7～10 帧中间的任意位置，右击鼠标选择"创建传统补间"命令，7～10帧小蓝猫抬头的动画制作完毕，如图5-47所示。

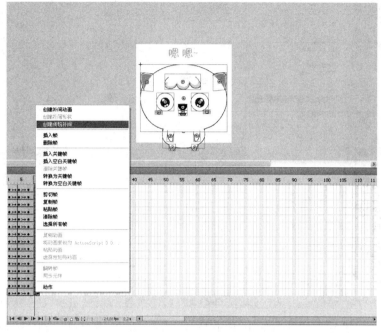

图5-47　给所有图层的7～10帧之间创建传统补间动画

(9) 按住鼠标左键选中所有图层的第1帧，右击鼠标选择"复制帧"命令，然后用鼠标选中所有图层的第13帧处，右击鼠标选择"粘贴帧"命令，完成第10～13帧小蓝猫闭嘴巴微低头恢复起始状态的动画，如图5-48～图5-50所示。

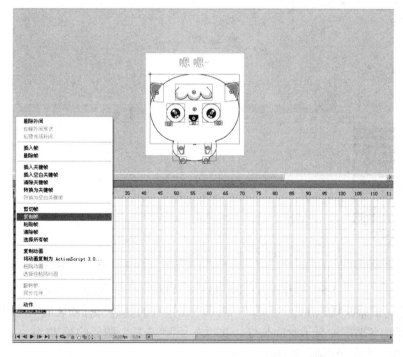

图5-48　选中所有图层的第1帧右击鼠标选择"复制帧"命令

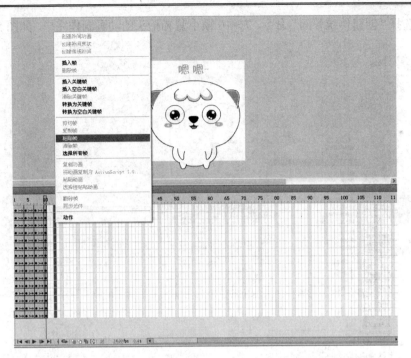

图 5-49　选中所有图层的第 13 帧右击鼠标选择"粘贴帧"命令

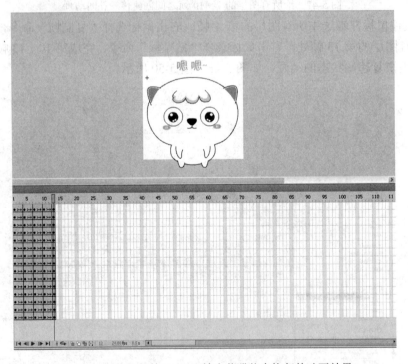

图 5-50　制作好的第 10～13 帧小蓝猫状态恢复的动画效果

（10）在时间轴区域，在除"左耳""右耳"图层外的其他所有图层的第 21 帧处按下快捷键 F5，增加各图层的显示时间长度。在"左耳""右耳"图层的第 17 帧、第 21 帧处按下快捷键 F6，创建关键帧，如图 5-51 所示。

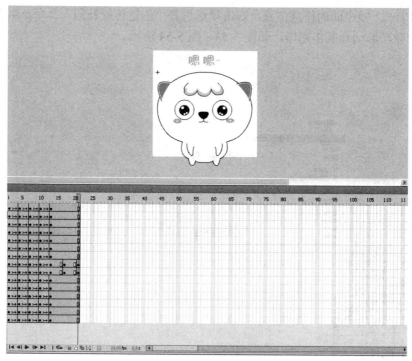

图 5-51　在相应图层的指定帧创建普通帧或关键帧

(11) 打开时间轴区域的"绘图纸外观"，设置其控制范围为第 13～21 帧，将时间轴指针定位到第 17 帧处，为小蓝猫制作双耳微动的动画效果，如图 5-52 所示。

图 5-52　制作第 13～21 帧小蓝猫双耳微动的动画效果

(12) 关闭"绘图纸外观"功能，用鼠标左键选择所有"左耳""右耳"图层的第 13～

17 帧、第 17～21 帧中间的任意位置，右击鼠标选择"创建传统补间"命令，第 13～21 帧小蓝猫耳朵微动的动画制作完毕，如图 5-53、图 5-54 所示。

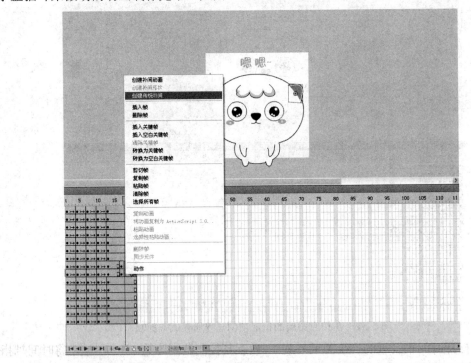

图 5-53　分别为"左耳""右耳"图层的第 13～17 帧、第 17～21 帧之间创建补间动画

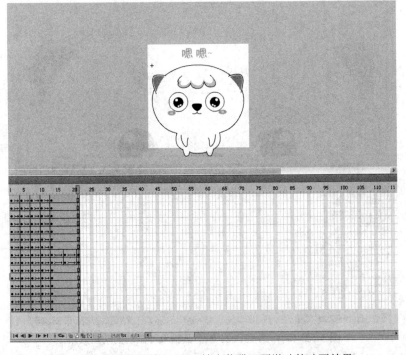

图 5-54　制作好的第 13～21 帧小蓝猫双耳微动的动画效果

（13）在时间轴区域选择所有图层的第 24 帧处，按下快捷键 F5 创建普通帧，增加各图层的时间显示长度，如图 5-55 所示。

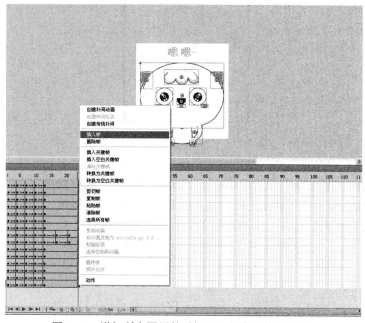

图 5-55　增加所有图层的时间显示长度至第 24 帧处

（14）进入场景 1 层级，在时间轴区域选中"文字""表情形象"两图层的第 24 帧处，右击鼠标选择"插入帧"命令，则该动态表情动画制作完毕，可按下"Ctrl＋Enter"组合键测试动画效果，如图 5-56、图 5-57 所示。

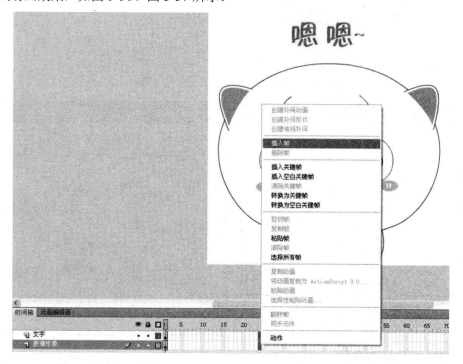

图 5-56　增加"文字""表情形象"图层的时间显示长度至第 24 帧处

图 5-57　动态表情动画测试效果

(15) 在菜单栏"文件"选项的下拉菜单中选择"导出"→"导出影片"命令，在弹出的对话框中选择"GIF 动画"类型，将其命名为"嗯嗯"并保存到指定文件夹，点击"保存"按钮。最后在弹出的"导出 GIF"对话框中点击"确定"按钮，文件自动生成至指定文件夹，至此，"嗯嗯"动态表情动画制作完毕，如图 5-58～图 5-60 所示。

图 5-58　动态表情动画影片导出命令选择

图 5-59　选择保存类型为"GIF 动画"

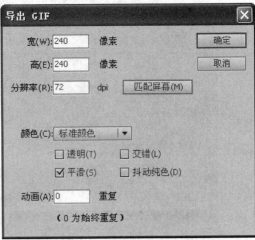

图 5-60　导出 GIF 动画的相关设置

二、情绪回应类动态表情"我错了"的具体步骤

(1) 打开在动态表情基本形象设计阶段完成好的表情"我错了"的 FLA 文件，在图层控制区域锁定"文字"图层，用"选择工具"框选"表情形象"图层的全部造型，按下快捷键 F8，将表情形象转换成图形元件，命名为"表情动画"，如图 5-61 所示。

图 5-61　将"表情形象"图层内容选中并整体转换成名为"表情动画"的图形元件

(2) 在场景 1 层级中双击"表情动画"图形元件，进入该元件内部，框选该表情形象的全部造型，右击鼠标在弹出的选项框中选择"分散到图层"命令，删除变成空白图层的"图层 1"，并将新生成的各图层名称改成与该图层内容相对应的结构名称，如图 5-62、图 5-63 所示。

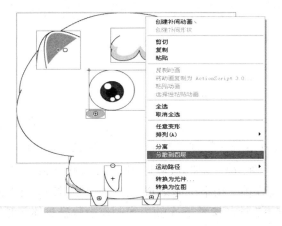

图 5-62　将表情形象各造型结构分散到图层

图 5-63　对新生成的各图层重命名

(3) 在各图层的第 5 帧处按下快捷键 F6 创建关键帧,打开时间轴区域的"绘图纸外观",调整其控制区域为 1～5 帧,参考第 1 帧内容制作小蓝猫下跪的态势,如图 5-64 所示。

图 5-64　参照第 1 帧造型调整或绘制第 5 帧的态势

(4) 在各图层的第 7 帧处按下快捷键 F6 创建关键帧,打开时间轴区域的"绘图纸外观",调整其控制区域为 5～7 帧,参考第 5 帧内容制作小蓝猫身体前倾膝盖着地的态势,如图 5-65 所示。

图 5-65　参照第 5 帧造型制作第 7 帧身体前倾膝盖着地的态势

(5) 在各图层的第 11 帧处按下快捷键 F6 创建关键帧，打开时间轴区域的"绘图纸外观"，调整其控制区域为 7～11 帧，参考第 7 帧内容制作小蓝猫头低头目视地面的态势，如图 5-66 所示。

图 5-66　参照第 7 帧造型制作第 11 帧低头目视地面的态势

(6) 关闭"绘图纸外观"功能，用鼠标左键选择"眼睛""头发""左腮红""右腮红""嘴巴""鼻子""左耳""头部轮廓""右耳"图层第 7～11 帧中间的任意位置，右击鼠标选择"创建传统补间"命令，7～11 帧小蓝猫低头目视地面的动画制作完毕，如图 5-67 所示。

图 5-67　给相应图层的 7～11 帧之间创建传统补间动画

(7) 在时间轴区域，在所有图层的第 25 帧处按下快捷键 F5，增加各图层的显示时间长度，在"左耳""右耳"图层的第 16、21 帧处按下快捷键 F6，创建关键帧，如图 5-68 所示。

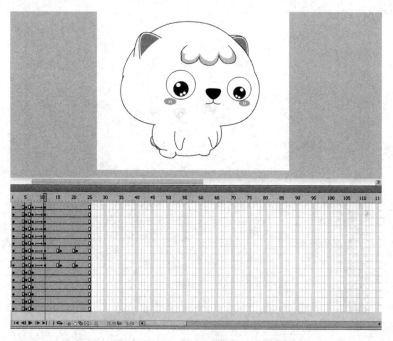

图 5-68　在相应的图层指定帧创建普通帧或关键帧

(8) 打开时间轴区域的"绘图纸外观"，设置其控制范围为第 11～21 帧，将时间轴指针定位到第 16 帧处，为小蓝猫制作双耳微动的动画效果，如图 5-69 所示。

图 5-69　制作第 11～21 帧小蓝猫双耳微动的动画效果

(9) 关闭"绘图纸外观"功能，用鼠标左键选择所有"左耳""右耳"图层的第 11～16 帧、第 16～21 帧中间的任意位置，右击鼠标选择"创建传统补间"命令，11～21 帧小蓝猫耳朵微动的动画制作完毕，如图 5-70、图 5-71 所示。

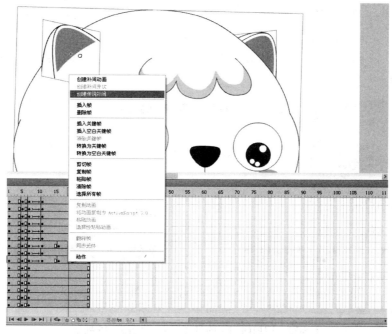

图 5-70　分别在"左耳""右耳"图层的第 11～16 帧、第 16～21 帧之间创建补间动画

图 5-71　制作好的第 11～21 帧小蓝猫双耳微动的动画效果

(10) 进入场景 1 层级，在时间轴区域选中"文字""表情形象"两图层的第 25 帧处，右击鼠标选择"插入帧"命令，该动态表情动画制作完毕，可按下"Ctrl＋Enter"组合键测试动画效果，如图 5-72、图 5-73 所示。

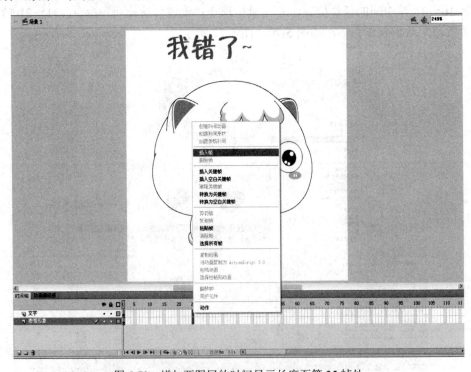

图 5-72　增加两图层的时间显示长度至第 25 帧处

图 5-73 动态表情动画测试效果

(11) 在菜单栏"文件"选项的下拉菜单中选择"导出"→"导出影片"命令,在弹出的对话框中选择"GIF 动画"类型,将其命名为"我错了"并保存到指定文件夹,点击"保存"按钮。最后在弹出的"导出 GIF"对话框中点击"确定"按钮,文件自动生成至指定文件夹,至此,"我错了"动态表情动画制作完毕,如图 5-74～图 5-76 所示。

图 5-74 选择导出影片命令

图 5-75 影片保存格式及名称

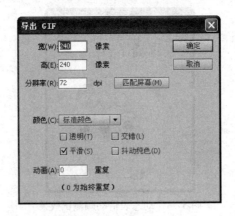

图 5-76　导出 GIF 相关设置

技能训练 2　　微信动态表情包动画制作——支持类表情

一、支持类动态表情"花花送给你"的具体步骤

(1) 打开在动态表情基本形象设计阶段完成好的表情"花花送给你"的 FLA 文件,在图层控制区域锁定"文字"图层,用"选择工具"框选"表情形象"图层的全部造型,按下快捷键 F8,将表情形象转换成图形元件,命名为"表情动画",如图 5-77 所示。

图 5-77　将"表情形象"图层内容选中并整体转换成名为"表情动画"的图形元件

(2) 在场景 1 层级中双击"表情动画"图形元件,进入该元件内部,框选该表情形象的全部造型,右击鼠标在弹出的选项框中选择"分散到图层"命令,删除变成空白图层的"图层 1",并将新生成的各图层名称改成与该图层内容相对应的结构名称,如图 5-78、图 5-79 所示。

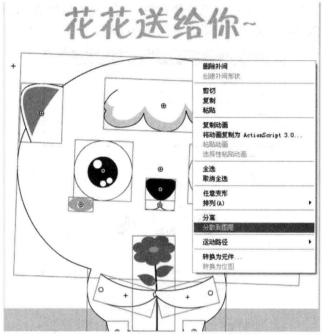

图 5-78　将表情形象各造型结构分散到图层

图 5-79　对新生成的各图层重命名

(3) 根据动画设计需要，先在"表情动画"元件内部制作"左眼""右眼"图层第 1 帧上的眨眼动画元件。使用"选择工具"在舞台中点选左眼的造型结构，按下快捷键 F8 将其转换成名为"眨眼动画"的图形元件，如图 5-80 所示。

图 5-80　将"左眼"图层内容选中并将其转换成名为"眨眼动画"的图形元件

　　(4) 在舞台中双击"眨眼动画"图形元件进入其内部，将图层 1 名称修改为"眨眼动画"，如图 5-81 所示。

图 5-81　在"眨眼动画"元件内将图层 1 名称改为"眨眼动画"

　　(5) 在"眨眼动画"图层的第 5 帧处按下快捷键 F6 创建关键帧，打开时间轴区域的"绘图纸外观"，调整其控制区域为 1～5 帧，参考第 1 帧内容制作小蓝猫眼睛微笑眯起的态势，如图 5-82 所示。

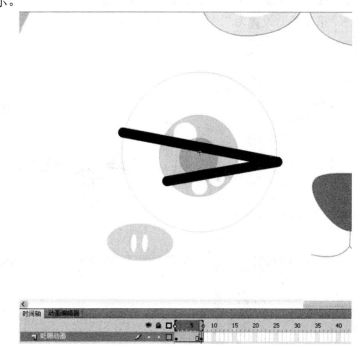

图 5-82　参照第 1 帧造型调整或绘制第 5 帧眼睛微笑眯起的态势

(6) 关闭"绘图纸外观"功能，在"眨眼动画"图层的第 28 帧处按下快捷键 F5，延长其显示的时间长度，至此小蓝猫微笑眯眼动画制作完毕。然后在"表情动画"元件层级将"右眼"图层的内容替换为"眨眼动画"图形元件，与原位置保持一致，如图 5-83 所示。

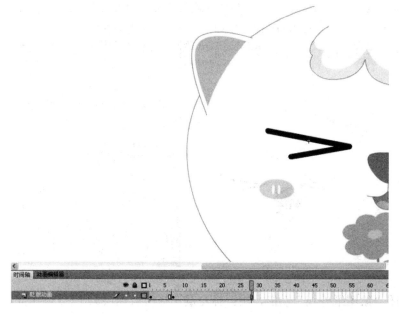

图 5-83　在"眨眼动画"图层的第 28 帧处按快捷键 F5 延长其显示的时间长度

(7) 在"表情动画"元件层级各图层的第 5 帧处按快捷键 F6 创建关键帧，打开时间轴区域的"绘图纸外观",调整其控制区域为 1～5 帧,参考第 1 帧内容制作小蓝猫低头闻花的态势,其中需依次选中"左眼"和"右眼"图层中的"眨眼动画"元件,将其属性面板"循环"选项中的"第 1 帧"设置为 7,眯眼动态设置完毕,如图 5-84、图 5-85 所示。

图 5-84　制作第 5 帧小蓝猫低头闻花的态势

图 5-85　设置第 5 帧上小蓝猫眯眼的态势

(8) 关闭"绘图纸外观"功能,用鼠标左键选择所有图层第 1～7 帧中间的任意位置,右击鼠标选择"创建传统补间"命令,第 1～7 帧小蓝猫低头眯眼闻花的动画制作完毕,如图 5-86 所示。

图 5-86　在所有图层的第 1～5 帧之间创建传统补间动画

(9) 在各图层的第 11 帧处按下快捷键 F6 创建关键帧，打开时间轴区域的"绘图纸外观"，调整其控制区域为 7～11 帧，参考第 7 帧内容制作小蓝猫眯眼抬头张嘴的态势，如图 5-87 所示。

图 5-87　参考第 7 帧内容制作第 11 帧上小蓝猫眯眼抬头张嘴的态势

(10) 关闭"绘图纸外观"功能，用鼠标左键选择所有图层第 7～11 帧中间的任意位置，右击鼠标选择"创建传统补间"命令，第 7～11 帧小蓝猫眯眼抬头张嘴的动画制作完毕，如图 5-88 所示。

图 5-88　给所有图层的 7～11 帧之间创建传统补间动画

(11) 在各图层的第 25 帧处按下快捷键 F5 创建普通帧，在"左耳""右耳"图层的第 16、21 帧处按下快捷键 F6 创建关键帧，如图 5-89 所示。

图 5-89　给相应图层的指定位置创建普通帧或关键帧

(12) 打开时间轴区域的"绘图纸外观"，调整其控制区域为 11～25 帧，参考第 11 帧内容制作第 16、21 帧上小蓝猫双耳微动的态势，如图 5-90 所示。

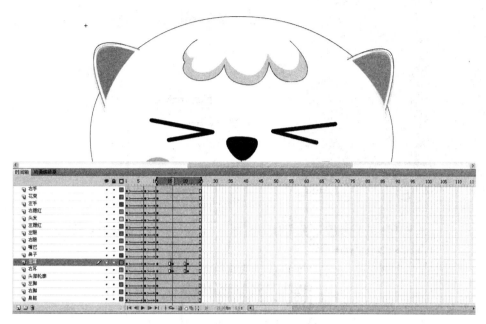

图 5-90　参照第 11 帧造型制作第 16、21 帧双耳微动的态势

（13）关闭"绘图纸外观"功能，用鼠标左键选择 "左耳""右耳"图层第 11～16、16～21 帧中间的任意位置，右击鼠标选择"创建传统补间"命令，第 11～21 帧小蓝猫双耳微动的动画制作完毕，如图 5-91 所示。

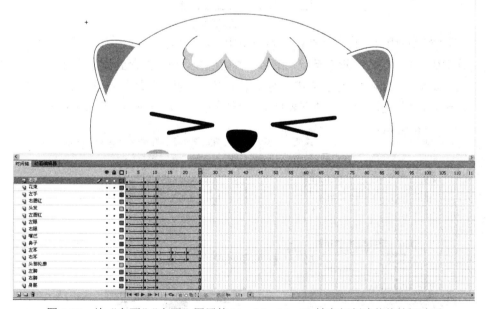

图 5-91　给"左耳""右耳"图层的 11～16、16～21 帧之间创建传统补间动画

（14）进入场景 1 层级，在时间轴区域选中"文字""表情形象"两图层的第 25 帧处，右击鼠标选择"插入帧"命令，该动态表情动画制作完毕，可按下"Ctrl＋Enter"组合键测试动画效果，如图 5-92、图 5-93 所示。

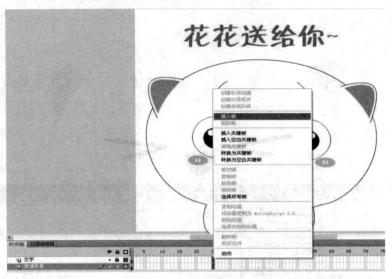

图 5-92　延长场景 1 层级两图层的显示时间长度至 25 帧

图 5-93　动画测试效果

(15) 在菜单栏中"文件"选项的下拉菜单中选择"导出"→"导出影片"命令，在弹出的对话框中选择"GIF 动画"类型，命名为"花花送给你"保存到指定文件夹，点击"保存"按钮。最后在弹出的"导出 GIF"对话框中点击"确定"按钮，文件自动生成至指定文件夹，至此，"花花送给你"动态表情动画制作完毕，如图 5-94～图 5-96 所示。

图 5-94　动态表情动画影片导出命令选择

 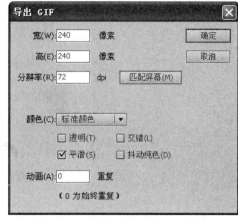

图 5-95 选择保存类型为"GIF 动画" 图 5-96 导出 GIF 动画的相关设置

二、支持类动态表情"为你打 CALL"的具体步骤

(1) 打开在动态表情基本形象设计阶段完成好的表情"为你打 CALL"的 FLA 文件，在图层控制区域锁定"文字"图层，用"选择工具"框选"表情形象"图层的全部造型，按快捷键 F8 将表情形象转换成图形元件，命名为"表情动画"，如图 5-97 所示。

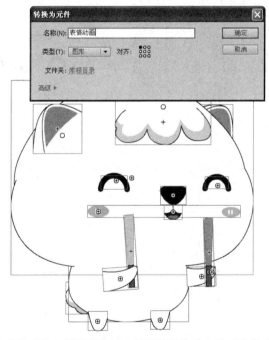

图 5-97 将"表情形象"图层内容选中并整体转换成名为"表情动画"的图形元件

(2) 在场景 1 层级双击"表情动画"图形元件，进入该元件内部，框选该表情形象的全部造型，右击鼠标在弹出的选项框中选择"分散到图层"命令，删除变成空白图层的"图层 1"，并将新生成各图层的名称改成与该图层内容相对应的结构名称，如图 5-98、图 5-99 所示。

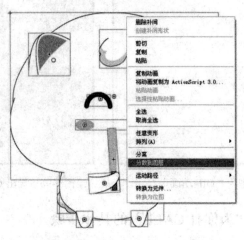

图 5-98　将表情形象各造型结构分散到图层

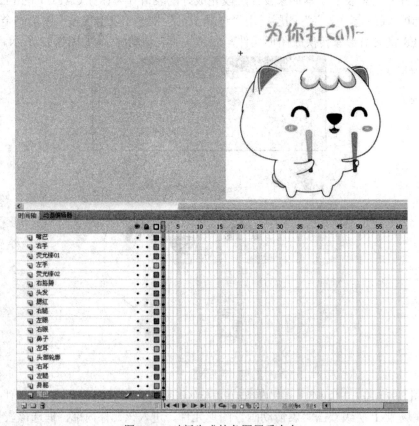

图 5-99　对新生成的各图层重命名

　　(3) 在各图层的第 4 帧处按快捷键 F6 创建关键帧，打开时间轴区域的"绘图纸外观"，调整其控制区域为 1～4 帧，参考第 1 帧内容制作小蓝猫身体前倾挥动荧光棒的态势，如图 5-100 所示。

图 5-100　参照第 1 帧造型调整或绘制第 4 帧的态势

(4) 关闭"绘图纸外观"功能，用鼠标左键选择所有图层第 1～4 帧中间的任意位置，右击鼠标选择"创建传统补间"命令，第 1～4 帧小蓝猫身体前倾挥动荧光棒的动画制作完毕，如图 5-101 所示。

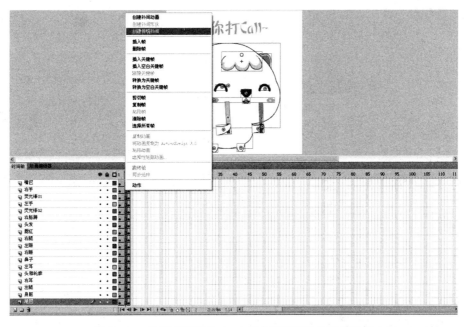

图 5-101　给所有图层的 1～4 帧之间创建传统补间动画

(5) 在各图层的第 7 帧处按快捷键 F6 创建关键帧，打开时间轴区域的"绘图纸外观"，调整其控制区域为 4～7 帧，参考第 1 帧内容制作小蓝猫身体继续前倾挥动荧光棒的态势，如图 5-102 所示。

图 5-102　参照第 4 帧造型调整或绘制第 7 帧身体继续前倾的态势

(6) 关闭"绘图纸外观"功能，用鼠标左键选择所有图层第 4～7 帧中间的任意位置，右击鼠标选择"创建传统补间"命令，第 4～7 帧小蓝猫身体继续前倾挥动荧光棒的动画制作完毕，如图 5-103 所示。

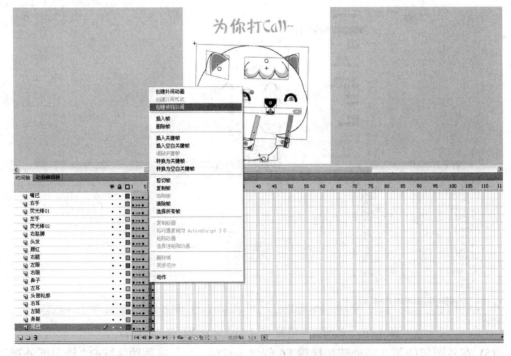

图 5-103　给所有图层的 4～7 帧之间创建传统补间动画

(7) 用"选择工具"选中所有图层的第 1～4 帧，右击鼠标选择"复制帧"命令，如图 5-104 所示。

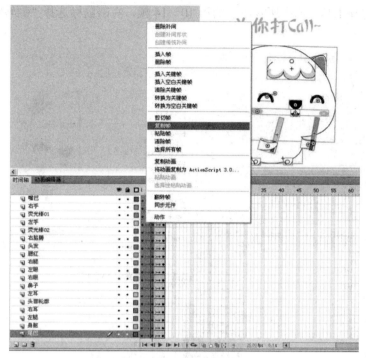

图 5-104　复制所有图层的第 1～4 帧

(8) 用"选择工具"选中所有图层的第 10～14 帧，右击鼠标选择"粘贴帧"命令，如图 5-105 所示。

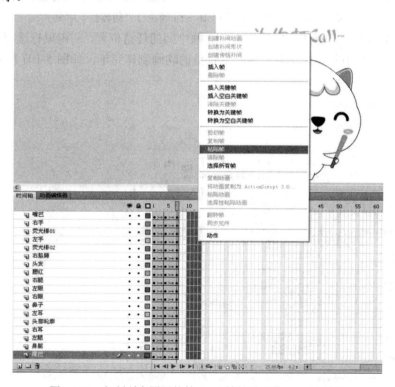

图 5-105　复制所有图层的第 1～4 帧粘贴至第 10～14 帧处

(9) 用"选择工具"选中所有图层的第 10～14 帧，右击鼠标选择"翻转帧"命令，如图 5-106 所示。

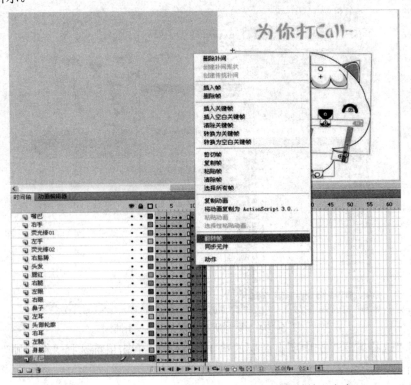

图 5-106　为所有图层的第 10～14 帧执行"翻转帧"命令

(10) 用鼠标左键选择所有图层第 7～10 帧中间的任意位置，右击鼠标选择"创建传统补间"命令，至此小蓝猫挥动荧光棒向后收身的动画制作完毕，如图 5-107 所示。

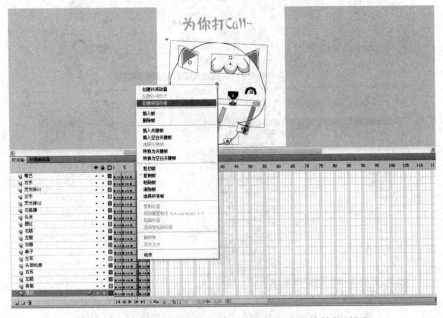

图 5-107　给所有图层的 7～10 帧之间创建传统补间动画

(11) 进入场景 1 层级，在时间轴区域选中"文字""表情形象"两图层的第 13 帧处，右击鼠标选择"插入帧"命令，该动态表情动画制作完毕，可按"Ctrl+Enter"组合键测试动画效果，如图 5-108、图 5-109 所示。

图 5-108 延长场景 1 层级两图层的显示时间长度至 13 帧

图 5-109 动画测试效果

(12) 在菜单栏"文件"选项的下拉菜单中选择"导出"→"导出影片"命令，在弹出的对话框中选择"GIF 动画"类型，命名为"为你打 CALL"并保存到指定文件夹，点击"保存"按钮。最后在弹出的"导出 GIF"对话框中点击"确定"按钮，文件自动生成至指定文件夹，至此，"为你打 CALL"动态表情动画制作完毕，如图 5-110~图 5-112 所示。

图 5-110　动态表情动画影片导出命令

图 5-111　选择保存类型为"GIF 动画"

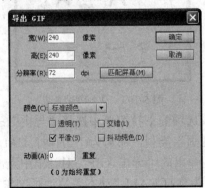

图 5-112　导出 GIF 动画的相关设置

技能训练3　　微信动态表情包动画制作——小情绪类表情

一、小情绪类动态表情"生气啦"的具体步骤

　　(1) 打开在动态表情基本形象设计阶段完成好的表情"生气啦"的 FLA 文件,在图层控制区域锁定"文字"图层,用"选择工具"框选"表情形象"图层的全部造型,按下快捷键 F8 将表情形象转换成图形元件,命名为"表情动画",如图 5-113 所示。

图 5-113　将"表情形象"图层内容选中并整体转换成名为"表情动画"的图形元件

　　(2) 在场景 1 层级中双击"表情动画"图形元件,进入该元件内部,框选该表情形象的全部造型,右击鼠标在弹出的选项框中选择"分散到图层"命令,删除变成空白图层的"图层 1",并将新生成各图层的名称改成与该图层内容相对应的结构名称,如图 5-114、图 5-115 所示。

图 5-114　将表情形象各造型结构分散到图层

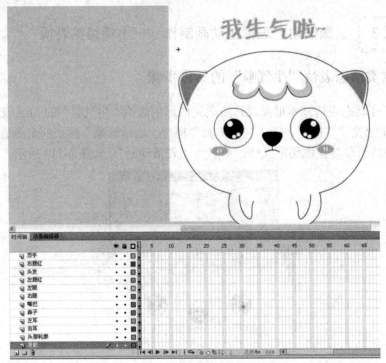

图 5-115　对新生成的各图层重命名

(3) 在所有图层的第 3、5、7 帧处按快捷键 F6 创建关键帧，打开时间轴区域的"绘图纸外观"，调整其控制区域为 1～7 帧，参考第 1 帧内容制作小蓝猫生气抱手于胸前的态势，如图 5-116 所示。

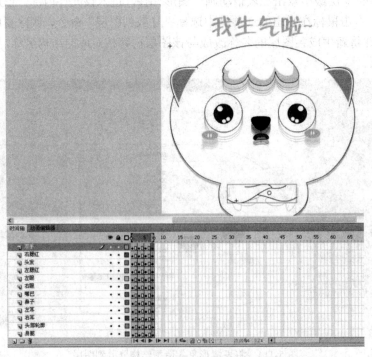

图 5-116　制作各图层第 1～7 帧之间小蓝猫生气抱手于胸前的态势

(4) 在所有图层的第 11 帧处按快捷键 F6 创建关键帧，打开时间轴区域的"绘图纸外观"，调整其控制区域为 7～11 帧，参考第 7 帧内容制作小蓝猫抱手低头的态势，如图 5-117 所示。

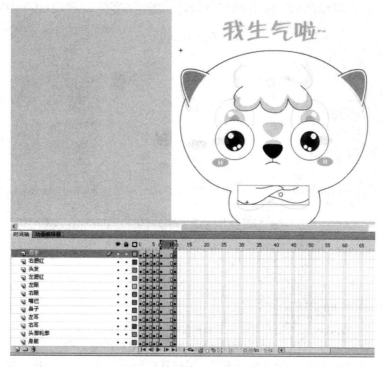

图 5-117　制作小蓝猫抱手低头的态势

(5) 关闭"绘图纸外观"功能，用鼠标左键选择所有图层第 7～11 帧中间的任意位置，右击鼠标选择"创建传统补间"命令，第 7～11 帧小蓝猫生气抱手低头的动画制作完毕，如图 5-118 所示。

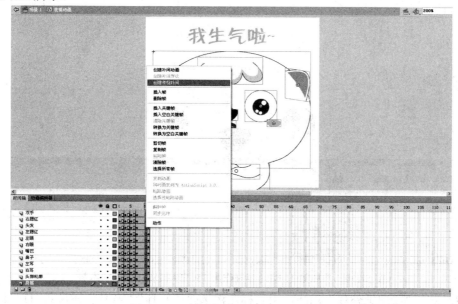

图 5-118　制作第 7～11 帧之间补间动画

(6) 在各图层的第 19 帧处按快捷键 F5 创建普通帧，在"左耳""右耳"图层的第 15、19 帧处按快捷键 F6，创建关键帧，如图 5-119 所示。

图 5-119　给相应图层的指定位置创建普通帧或关键帧

(7) 打开时间轴区域的"绘图纸外观"，调整其控制区域为 11~19 帧，参考第 11 帧内容制作第 15、19 帧上小蓝猫双耳微动的态势，如图 5-120 所示。

图 5-120　参照第 11 帧内容制作第 15、19 帧双耳微动的态势

(8) 关闭"绘图纸外观"功能，用鼠标左键选择"左耳""右耳"图层第 11~15、第 15~19 帧中间的任意位置，右击鼠标选择"创建传统补间"命令，第 11~19 帧小蓝猫双

耳微动的动画制作完毕，如图 5-121 所示。

图 5-121　给"左耳""右耳"图层的第 11～15、第 15～19 帧之间创建传统补间动画

(9) 使用"选择工具"选中所有图层的第 50 帧，右击鼠标选择"插入帧"命令，如图 5-122 所示。

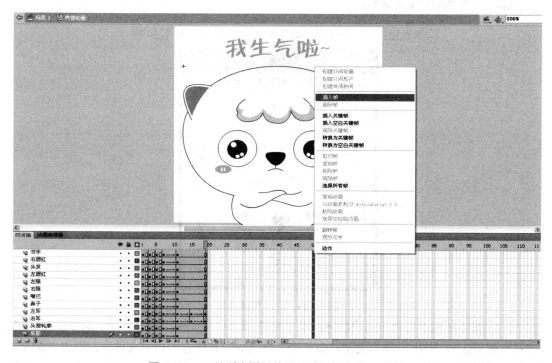

图 5-122　延长所有图层的显示时间长度到 50 帧处

(10) 进入场景 1 层级，在时间轴区域选中"文字""表情形象"两图层的第 50 帧处，右击鼠标选择"插入帧"命令，该动态表情动画制作完毕，可按"Ctrl＋Enter"组合键测试动画效果，如图 5-123、图 5-124 所示。

图 5-123　延长场景 1 层级两图层的显示时间长度至 50 帧

图 5-124　动画测试效果

(11) 在菜单栏"文件"选项的下拉菜单中选择"导出"→"导出影片"命令，在弹出的对话框中选择"GIF 动画"类型，命名为"生气啦"并保存到指定文件夹，点击"保存"按钮。最后在弹出的"导出 GIF"对话框中点击"确定"按钮，文件自动生成至指定文件夹，至此，"生气啦"动态表情动画制作完毕，如图 5-125～图 5-127 所示。

图 5-125 动态表情动画影片导出命令选择

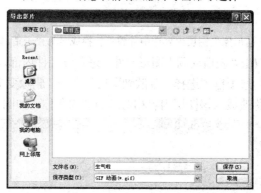

图 5-126 选择保存类型为"GIF 动画"

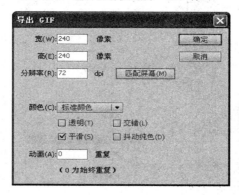

图 5-127 导出 GIF 动画的相关设置

二、小情绪类动态表情"面壁思过"的具体步骤

(1) 打开在动态表情基本形象设计阶段完成好的表情"面壁思过"的 FLA 文件，在图层控制区域锁定"文字"图层，用"选择工具"框选"表情形象"图层的全部造型，按快捷键 F8，将表情形象转换成图形元件，命名为"表情动画"，如图 5-128 所示。

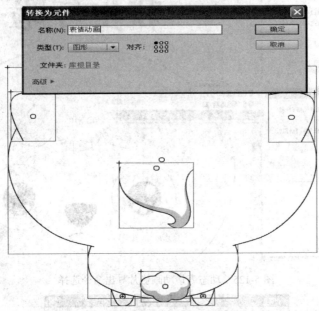

图 5-128　将"表情形象"图层内容选中并整体转换成名为"表情动画"的图形元件

(2) 在场景 1 层级双击"表情动画"图形元件，进入该元件内部，框选该表情形象的全部造型，右击鼠标在弹出的选项框中选择"分散到图层"命令，删除变成空白图层的"图层 1"，并将新生成各图层的名称改成与该图层内容相对应的结构名称，如图 5-129、图 5-130 所示。

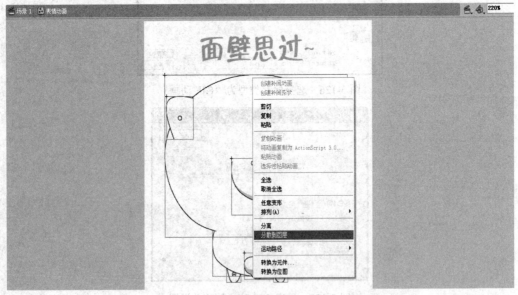

图 5-129　将表情形象各造型结构分散到图层

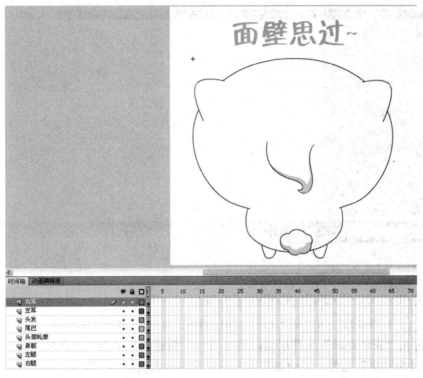

图 5-130　对新生成的各图层重命名

(3) 根据动画设计需要，先在"表情动画"元件内部制作"左耳""右耳"图层第一帧上的眨眼动画元件。使用"选择工具"在舞台中点选左耳的造型结构，按快捷键 F8 将其转换成名为"耳朵动画"的图形元件，如图 5-131 所示。

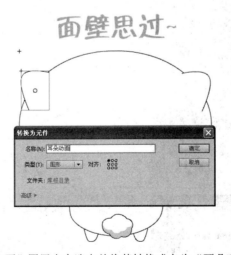

图 5-131　将"左耳"图层内容选中并将其转换成名为"耳朵动画"的图形元件

(4) 在舞台中双击"耳朵动画"图形元件进入其内部，将图层 1 修改名称为"耳朵动画"。在"耳朵动画"图层的第 5、9、13、17 帧处按 F6 键分别创建关键帧，打开"绘图纸外观"，制作小蓝猫耳朵微动的动画，调整好后在第 1~5、5~9、9~13、13~17 帧中间创建"传统补间动画"，并增加时间轴的显示长度至 25 帧处，如图 5-132 所示。

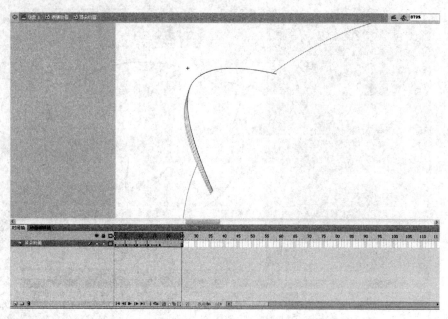

图 5-132　在"耳朵动画"图形元件内部制作小蓝猫耳朵微动动画

(5) 进入"表情动画"元件层级，将"右耳"图层的耳朵造型替换成"左耳"图层制作好的"耳朵动画"元件，并调整其角度和位置与原来图层造型保持一致。

(6) 在"左耳""右耳"图层的第 6 帧处按快捷键 F5 创建普通帧，在其他图层的第 6 帧处按快捷键 F6 创建关键帧，打开时间轴区域的"绘图纸外观"，调整其控制区域为 1～6 帧，参考第 1 帧内容制作小蓝猫身体微动的态势，如图 5-133 所示。

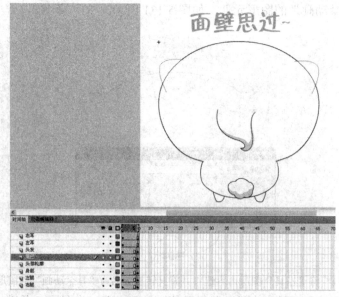

图 5-133　参考第 1 帧制作第 6 帧小蓝猫身体微动的态势

(7) 关闭"绘图纸外观"功能，用鼠标左键选择除"左耳""右耳"外其他图层的第 1～6 帧中间的任意位置，右击鼠标选择"创建传统补间"命令，第 1～6 帧小蓝猫身体微动的动画制作完毕，如图 5-134 所示。

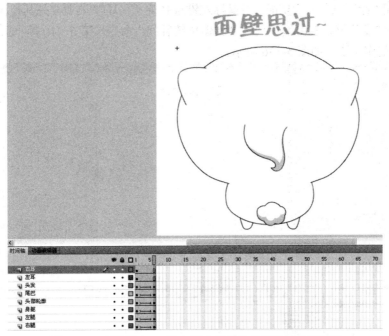

图 5-134 制作第 1~6 帧之间小蓝猫身体微动的补间动画

(8) 在"左耳""右耳"图层的第 10 帧处按快捷键 F5 创建普通帧，在其他图层的第 10 帧处按快捷键 F6 创建关键帧，打开时间轴区域的"绘图纸外观"，调整其控制区域为 6~10 帧，参考第 1 帧内容制作小蓝猫身体继续微动的态势，如图 5-135 所示。

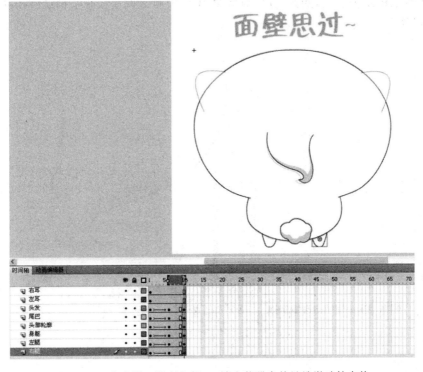

图 5-135 参考第 1 帧制作第 10 帧小蓝猫身体继续微动的态势

(9) 关闭"绘图纸外观"功能，用鼠标左键选择除"左耳""右耳"外其他图层的第 6～10 帧中间的任意位置，右击鼠标选择"创建传统补间"命令，第 6～10 帧小蓝猫身体继续微动的动画制作完毕，如图 5-136 所示。

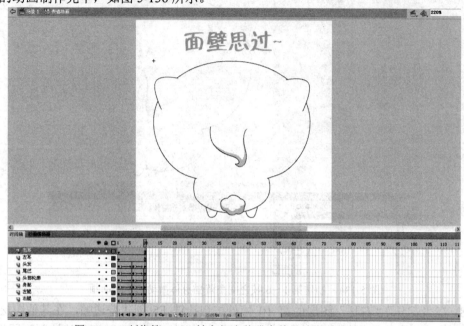

图 5-136　制作第 6～10 帧之间小蓝猫身体继续微动的补间动画

(10) 在所有图层的第 25 帧处创建普通帧，在"头发"图层的第 15、20 帧处创建关键帧，打开"绘图纸外观"参照第 10 帧制作第 10～20 帧之间小蓝猫发梢继续摆动的动画，如图 5-137 所示。

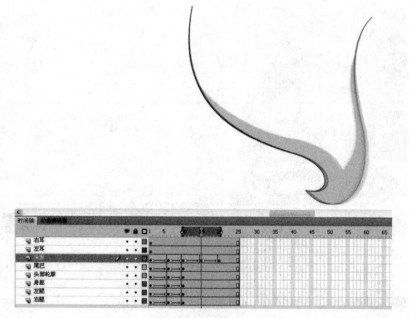

图 5-137　延长所有图层的时间显示长度至 25 帧处并制作发梢继续摆动的动画

(11) 进入场景 1 层级，在时间轴区域选中"文字""表情形象"两图层的第 25 帧处，右击鼠标选择"插入帧"命令，该动态表情动画制作完毕，可按"Ctrl+Enter"组合键测试动画效果，如图 5-138、图 5-139 所示。

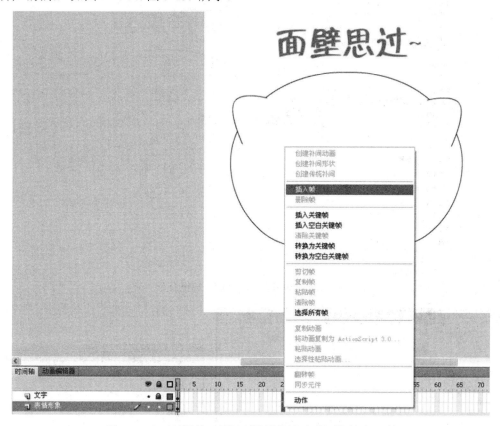

图 5-138 延长场景 1 层级两图层的显示时间长度至 25 帧

图 5-139 动画测试效果

(12) 在菜单栏中"文件"选项的下拉菜单中选择"导出"→"导出影片"命令，在弹出的对话框中选择"GIF 动画"类型，命名为"面壁思过"并保存到指定文件夹，点击"保存"按钮。最后在弹出的"导出 GIF"对话框中点击"确定"按钮，文件自动生成至指定文件夹，至此，"面壁思过"动态表情动画制作完毕，如图 5-140～图 5-142 所示。

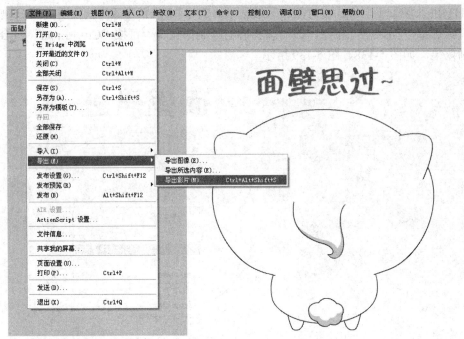

图 5-140 动态表情动画影片导出命令

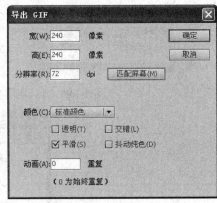

图 5-141 选择保存类型为"GIF 动画"   图 5-142 导出 GIF 动画的相关设置

技能训练 4　微信动态表情包动画制作——日常类表情

一、日常类动态表情"你的小可爱上线啦"的具体步骤

(1) 打开在动态表情基本形象设计阶段完成好的表情"你的小可爱上线啦"的 FLA 文件，在图层控制区域锁定"文字"图层，用"选择工具"框选"表情形象"图层的全部造型，按快捷键 F8 将表情形象转换成图形元件，命名为"表情动画"，如图 5-143 所示。

图 5-143　将"表情形象"图层内容选中并整体转换成名为"表情动画"的图形元件

（2）在场景 1 层级双击"表情动画"图形元件，进入该元件内部，框选该表情形象的全部造型，右击鼠标在弹出的选项框中选择"分散到图层"命令，删除变成空白图层的"图层 1"，并将新生成各图层的名称改成与该图层内容相对应的结构名称，如图 5-144、图 5-145所示。

图 5-144　将表情形象各造型
　　　　结构分散到图层

图 5-145　对新生成的各图层重命名

（3）在各图层的第 5 帧处按快捷键 F6 创建关键帧，打开时间轴区域的"绘图纸外观"，调整其控制区域为 1～5 帧，参考第 1 帧内容制作小蓝猫身体向左可爱扭动的态势，如图5-146 所示。

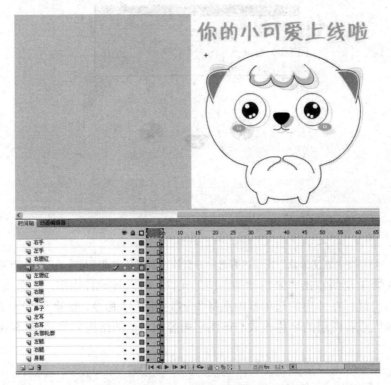

图 5-146　参照第 1 帧造型调整或绘制第 5 帧的态势

(4) 关闭"绘图纸外观"功能，用鼠标左键选择所有图层第 1～5 帧中间的任意位置，右击鼠标选择"创建传统补间"命令，第 1～5 帧小蓝猫身体向左可爱扭动的动画制作完毕，如图 5-147 所示。

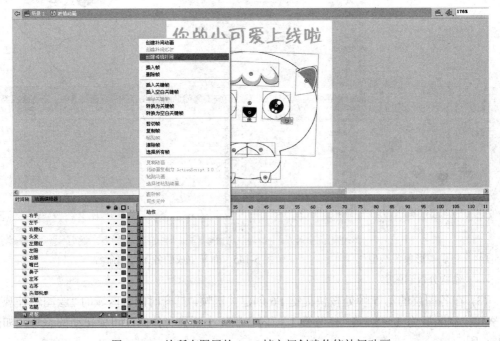

图 5-147　给所有图层的 1～5 帧之间创建传统补间动画

(5) 在各图层的第 9 帧处按快捷键 F6 创建关键帧，打开时间轴区域的"绘图纸外观"，调整其控制区域为 5～9 帧，参考第 5 帧内容制作小蓝猫身体继续向左扭动的态势，如图 5-148 所示。

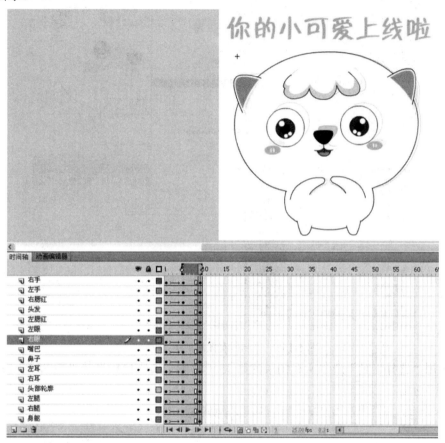

图 5-148　参照第 5 帧内容调整或绘制第 9 帧的态势

(6) 关闭"绘图纸外观"功能，用鼠标左键选择所有图层第 5～9 帧中间的任意位置，右击鼠标选择"创建传统补间"命令，第 5～9 帧小蓝猫身体身体继续向左扭动的动画制作完毕，如图 5-149 所示。

图 5-149　给所有图层的 5～9 帧之间创建传统补间动画

(7) 用"选择工具"选中所有图层的第 1～5 帧，右击鼠标选择"复制帧"命令，如图 5-150 所示。

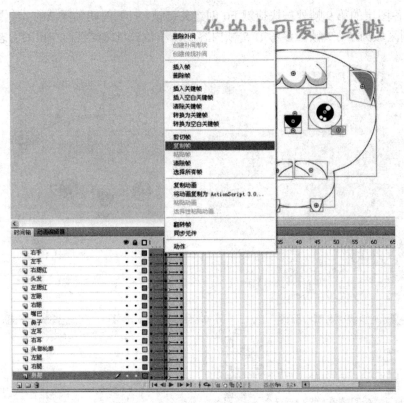

图 5-150　复制所有图层的第 1～5 帧

　　(8) 用"选择工具"选中所有图层的第 13～17 帧，右击鼠标选择"粘贴帧"命令，如图 5-151 所示。

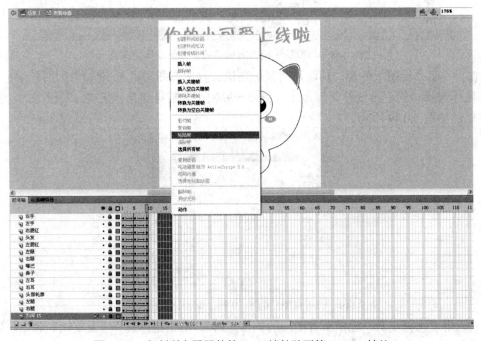

图 5-151　复制所有图层的第 1～5 帧粘贴至第 13～17 帧处

(9) 用"选择工具"选中所有图层的第 13～17 帧，右击鼠标选择"翻转帧"命令，如图 5-152 所示。

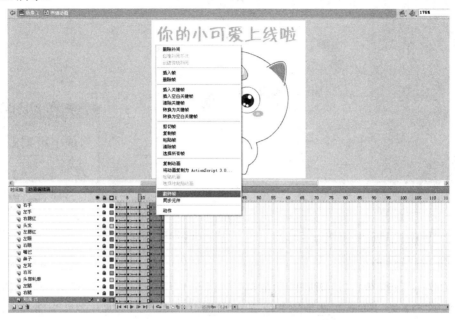

图 5-152　为所有图层的第 13～17 帧执行"翻转帧"命令

(10) 用鼠标左键选择所有图层第 9～13 帧中间的任意位置，右击鼠标选择"创建传统补间"命令，至此小蓝猫向右扭动身体的动画制作完毕，如图 5-153 所示。

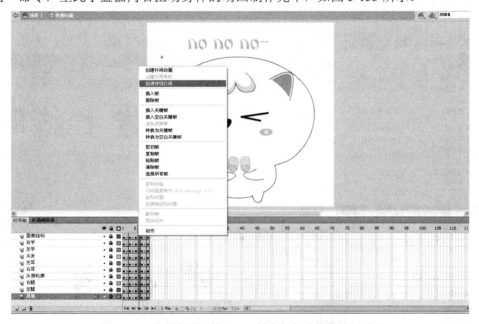

图 5-153　给所有图层的 9～13 帧之间创建传统补间动画

(11) 进入场景 1 层级，在时间轴区域选中"文字""表情形象"两图层的第 17 帧处，右击鼠标选择"插入帧"命令，该动态表情动画制作完毕，可按"Ctrl＋Enter"组合键测试动画效果，如图 5-154、图 5-155 所示。

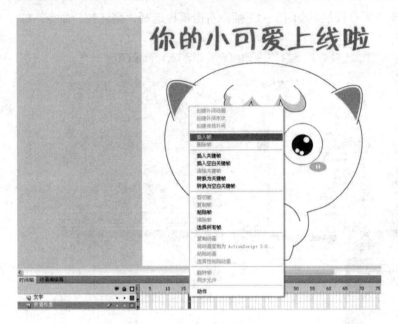

图 5-154　延长场景 1 层级两图层的显示时间长度至 17 帧　　　　　图 5-155　动画测试效果

　　(12) 在菜单栏"文件"选项的下拉菜单中选择"导出"→"导出影片"命令，在弹出的对话框中选择"GIF 动画"类型，命名为"你的小可爱上线啦"并保存到指定文件夹，点击"保存"按钮。最后在弹出的"导出 GIF"对话框中点击"确定"按钮，文件自动生成至指定文件夹，至此，"你的小可爱上线啦"动态表情动画制作完毕，如图 5-156～图 5-158 所示。

图 5-156　动态表情动画影片导出命令

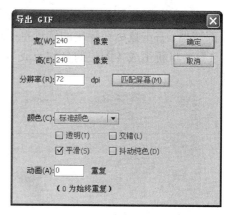

图 5-157　选择保存类型为"GIF 动画"　　　　图 5-158　导出 GIF 动画的相关设置

二、日常类动态表情"拉粑粑"具体步骤

(1) 打开在动态表情基本形象设计阶段完成好的表情"拉粑粑"的 FLA 文件，在图层控制区域锁定"文字"图层，用"选择工具"框选"表情形象"图层的全部造型，按快捷键 F8 将表情形象转换成图形元件，命名为"表情动画"，如图 5-159 所示。

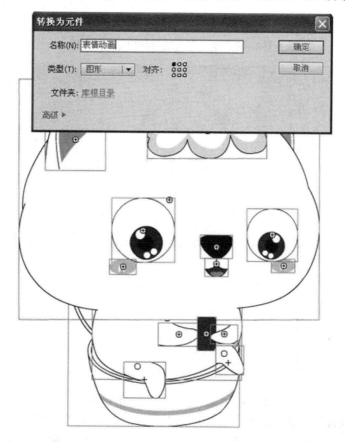

图 5-159　将"表情形象"图层内容选中并整体转换成名为"表情动画"的图形元件

(2) 在场景 1 层级双击"表情动画"图形元件，进入该元件内部，框选该表情形象的全部造型，右击鼠标在弹出的选项框中选择"分散到图层"命令，删除变成空白图层的"图层 1"，并将新生成各图层的名称改成与该图层内容相对应的结构名称，如图 5-160、图 5-161所示。

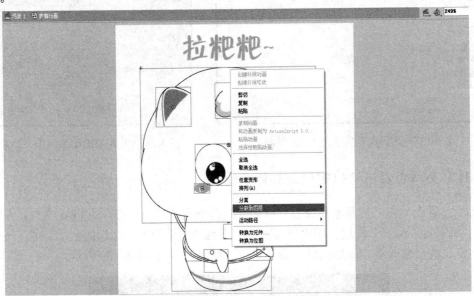

图 5-160　将表情形象各造型结构分散到图层

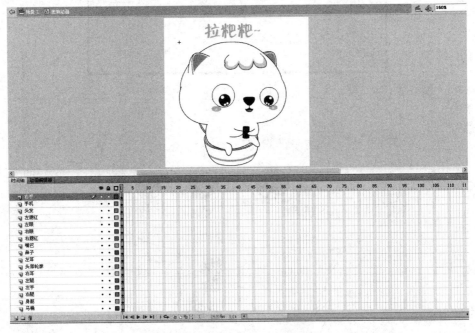

图 5-161　对新生成的各图层进行重命名

(3) 根据动画设计需要，先在"表情动画"元件内部制作"左腿"图层第一帧上的左腿摆动动画元件。使用"选择工具"在舞台中点选左腿的造型结构，按快捷键 F8 将其转换成名为"左腿动画"的图形元件，如图 5-162 所示。

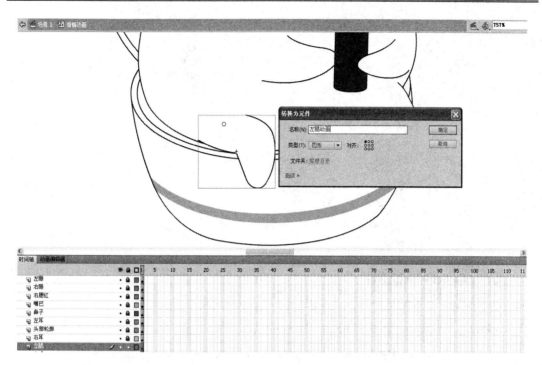

图 5-162　将"左腿"图层内容选中并将其转换成名为"左腿动画"的图形元件

(4) 在舞台中双击"左腿动画"图形元件进入其内部，将图层 1 名称修改为"左腿动画"，如图 5-163 所示。

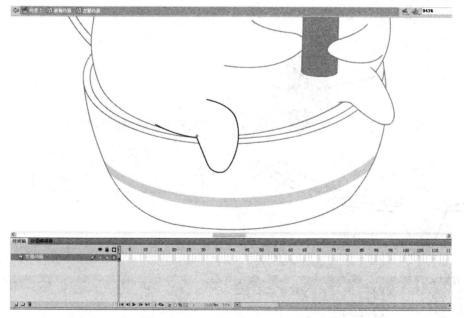

图 5-163　将"左腿动画"元件内的图层 1 名称改为"左腿动画"

(5) 在"左腿动画"图层的第 3、5、7 帧处按快捷键 F6 创建关键帧，在第 8 帧处按快捷键创建普通帧，打开时间轴区域的"绘图纸外观"，调整其控制区域为 1~7 帧，参考第 1 帧内容制作小蓝猫左腿摆动的动画，如图 5-164 所示。

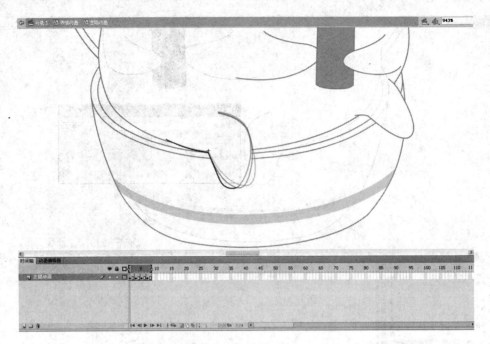

图 5-164　参照第 1 帧造型调整或绘制第 3、5、7 帧上左腿摆动的动画

　　(6) 在"表情动画"元件内部制作"右腿"图层第 1 帧上的右腿摆动动画元件。使用"选择工具"在舞台中点选右腿的造型结构，按快捷键 F8 将其转换成名为"右腿动画"的图形元件，如图 5-165 所示。

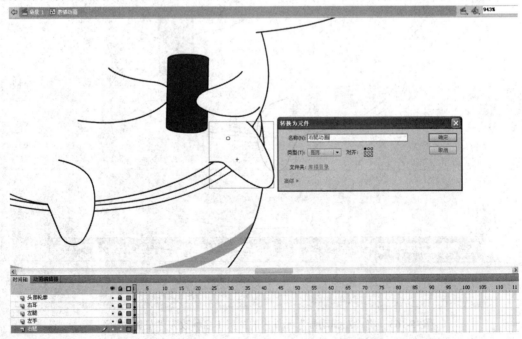

图 5-165　将"右腿"图层内容选中并将其转换成名为"右腿动画"的图形元件

　　(7) 在舞台中双击"右腿动画"图形元件进入其内部，将图层 1 名称修改为"右腿动画"，如图 5-166 所示。

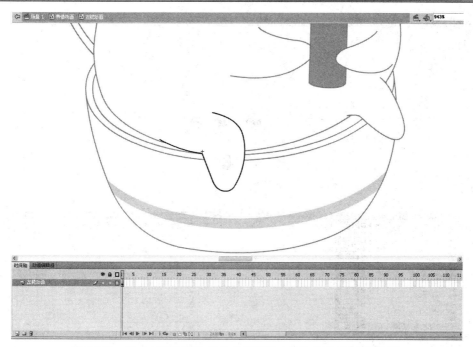

图 5-166 将"右腿动画"元件内将图层 1 名称改为"右腿动画"

（8）在"右腿动画"图层的第 3、5、7 帧处按快捷键 F6 创建关键帧，在第 8 帧处按快捷键创建普通帧，打开时间轴区域的"绘图纸外观"，调整其控制区域为 1～7 帧，参考第 1 帧内容制作小蓝猫右腿摆动的动画，如图 5-167 所示。

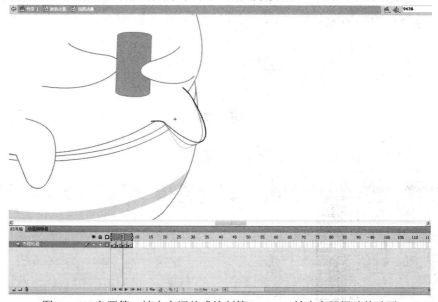

图 5-167 参照第 1 帧内容调整或绘制第 3、5、7 帧上左腿摆动的动画

（9）进入"表情动画"层级，在除"马桶"图层外其他图层的第 8 帧上创建关键帧，在"马桶"图层的第 8 帧处创建普通帧，在"左手"图层的第 5 帧处创建关键帧，打开时间轴区域的"绘图纸外观"，调整其控制区域为 1～8 帧，参考第 1 帧内容制作第 5、8 帧上小蓝猫滑动手机及身体微动的态势，如图 5-168 所示。

图 5-168　参照第 1 帧内容调整或绘制第 5、8 帧上小蓝猫滑动手机及身体微动的态势

　　(10) 关闭"绘图纸外观"功能，用鼠标左键选择"左手"图层的第 1～5、5～8 帧中间的任意位置，右击鼠标选择"创建传统补间"动画命令，同时也给除"马桶""左手"外的其他图层制作第 1～8 帧之间的补间动画，如图 5-169 所示。

图 5-169　制作第 1～8 帧关键帧之间的传统补间动画

　　(11) 选择除"马桶"图层外其他各图层的第 1 帧，右击鼠标选择"复制帧"命令，如图 5-170 所示。

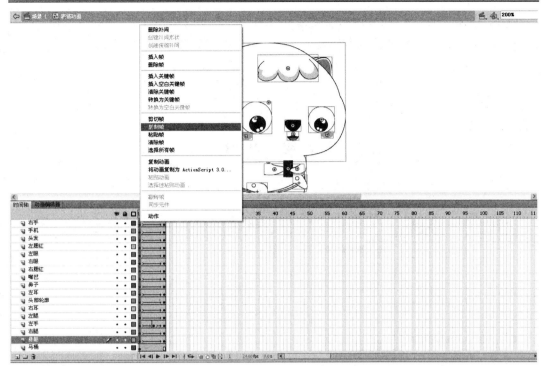

图 5-170　复制除"马桶"图层外其他各图层的第 1 帧

(12) 选择除"马桶"图层外其他各图层的第 15 帧，右击鼠标选择"粘贴帧"命令，如图 5-171 所示。

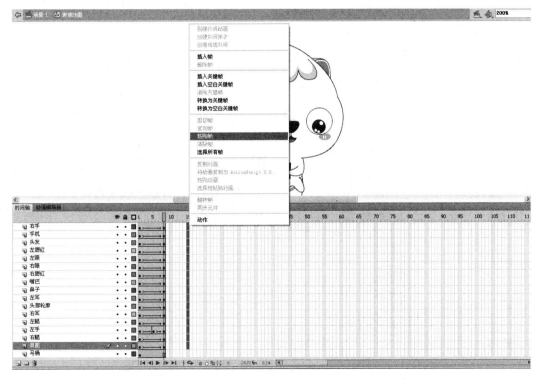

图 5-171　在除"马桶"图层外其他各图层的第 15 帧处选择"粘贴帧"

(13) 选择"左手"图层的第 5 帧，右击鼠标选择"复制帧"命令，如图 5-172 所示。

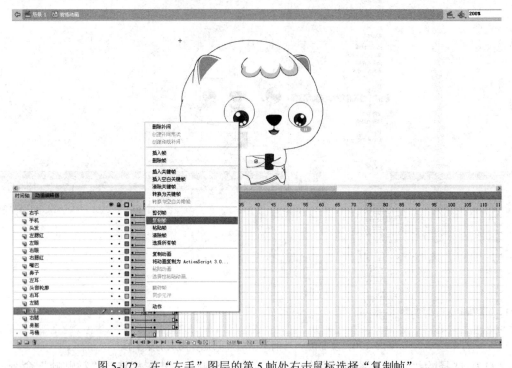

图 5-172　在"左手"图层的第 5 帧处右击鼠标选择"复制帧"

(14) 选择"左手"图层的第 12 帧，右击鼠标选择"粘贴帧"命令，如图 5-173 所示。

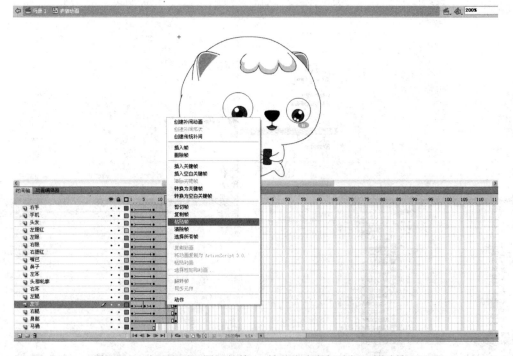

图 5-173　在"左手"图层的第 12 帧处右击鼠标选择"粘贴帧"

(15) 创建除"马桶"图层外其他各图层第 8～15 帧之间的补间动画，如图 5-174 所示。

图 5-174　创建除"马桶"图层外其他各图层第 8～15 帧之间的补间动画

(16) 延长各图层的显示时间长度至 24 帧并删除多余的补间动画，如图 5-175 所示。

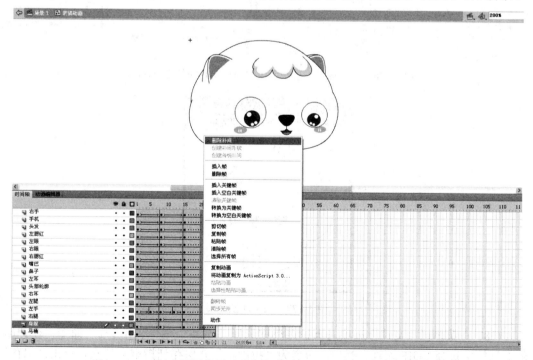

图 5-175　延长各图层的显示时间长度至 24 帧并删除多余的补间动画

(17) 进入场景 1 层级，在时间轴区域选中"文字""表情形象"两图层的第 24 帧处，右击鼠标选择"插入帧"命令，该动态表情动画制作完毕，可按"Ctrl＋Enter"组合键测试动画效果，如图 5-176、图 5-177 所示。

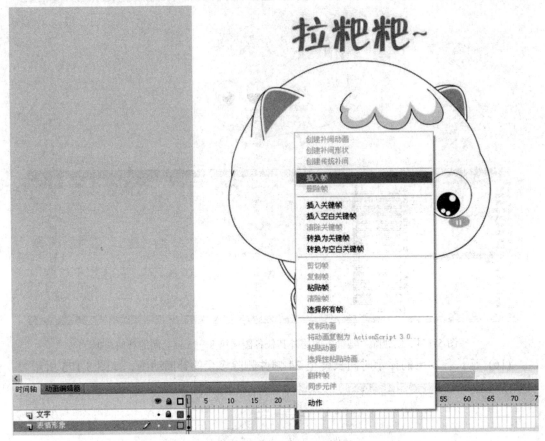

图 5-176　延长场景 1 层级两图层的显示时间长度至 24 帧

图 5-177　动画测试效果

　　(18) 在菜单栏"文件"选项的下拉菜单中选择"导出"→"导出影片"命令，在弹出的对话框中选择"GIF 动画"类型，命名为"拉粑粑"并保存到指定文件夹，点击"保存"按钮。最后在弹出的"导出 GIF"对话框中点击"确定"按钮，文件自动生成至指定文件夹，至此，"拉粑粑"动态表情动画制作完毕，如图 5-178～图 5-180 所示。

图 5-178 动态表情动画影片导出命令

图 5-179 选择保存类型为 "GIF 动画"

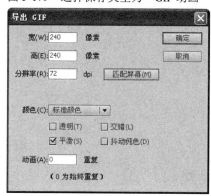

图 5-180 导出 GIF 动画的相关设置

项 目 小 结

　　本项目完整介绍了一整套微信动态表情动画由设计到输出的全过程，以"小蓝猫"角色形象为主体设计制作了情感回应类、小情绪类、支持类、日常类四大类别共计 8 个独立动态表情项目。从主体角色的形象设计到三视图的制作、从动态表情的四大类别文案到 8 个独立表情动态的形象设计、从每个独立动态表情动画的设计到完整制作等具体流程中共涉及图形动画元件的制作、逐帧动画的制作、时间轴中帧的调整和设置、动态图形元件的帧处理、循环动态的制作、动画的设置与输出等技术。但就一个经典角色形象的动态表情开发来说，这还远远不够，经典主体形象的动态表情可随网络热点或流行文化的发展而不断更新，核心就在于起点的主体形象设计与塑造，以及在动态性文化变化过程中对该形象意义的完善。本项目中重点涉及的逐帧动画制作为商业动画的制作打好了基础。

思 考 与 练 习

1. 请思考微信动态表情包主体形象设计中需要注意的问题。
2. 请思考微信动态表情包文案类别设计中需要注意的问题。
3. 请思考微信动态表情包动画设计与制作的方法及操作规范。
4. 请自主设计微信动态表情包主体形象并进行相关表情动画的设计与制作。

实训项目六　商业动画镜头动画设计与制作

 项目分析

本项目参照曾在中央电视台放映，由重庆柠色动漫有限公司制作的二维动画作品《小猪班纳》，选取第一季第 34 集"谁是明日之星"中的 90 号镜头作为观赏性动画模块的综合性项目。本项目案例参照商业动画的生产模式及流程，从起始的剧情分析到最终动画的输出进行全程讲解。本项目除重点讲解商业动画的制作流程及操作规范外，也是对前面几个项目案例的综合与动画制作能力的提升。

本项目涉及的技能训练内容包括：动画角色的造型及动态制作、角色转面造型设计与制作、动画场景设计与制作、道具的设计与动画制作、画面分镜的绘制、动态分镜的制作、烟雾特效动画的设计与制作、角色动态设计与逐帧动画制作、商业动画镜头的规范制作等，目的是使学生了解并掌握 Flash 软件在商业动画设计与制作中的实际应用。动画片《小猪班纳》镜头 SC_90 和 SC_90A 视觉效果如图 6-1 和图 6-2 所示。

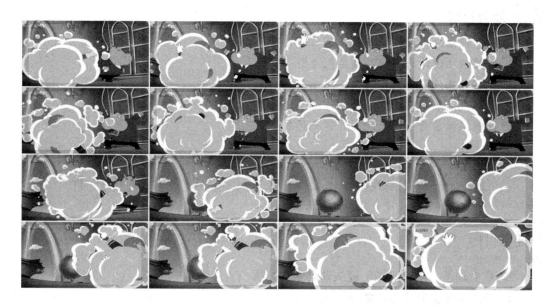

图 6-1　动画片《小猪班纳》镜头 SC_90 视觉效果

图 6-2　动画片《小猪班纳》镜头 SC_90A 视觉效果

 知识目标

1. 商业动画剧本分析的方法。
2. 商业动画角色造型设计与制作的方法。
3. 商业动画剧本文字分镜写作的方法。
4. 商业动画画面分镜设计的方法及绘制的规范和要求。
5. 商业动画角色造型设计的方法及绘制的规范和要求。
6. 商业动画场景设计的方法及制作的规范和要求。
7. 商业动画道具设计的方法及制作的规范和要求。
8. 商业动画特效设计的方法及制作的规范和要求。
9. 商业动画中镜头动画设计的方法及制作的规范和要求。

 能力目标

1. 能够独立分析商业剧本并规范书写文字分镜。
2. 能够独立设计与制作动画角色造型。
3. 能够独立设计与制作动画场景造型。
4. 能够规范绘制画面分镜并制作动态分镜。
5. 能够根据画面分镜规范制作镜头动画。

任务一　商业动画《小猪班纳》镜头动画剧情分析

任务目标

❖ **商业动画《小猪班纳》镜头动画剧本分析**

1. 对故事段落的镜头确定。
2. 对故事镜头所表达内容的设定。

❖ 商业动画《小猪班纳》镜头动画剧情的文字分镜书写

1. 对镜头内容的视觉化思维设定。
2. 对镜头内容的文字性分镜头书写。

┌─────────────┐
│ **知识链接** │
└─────────────┘

一、商业动画剧本的分析方法

对剧本进行分析的目的就是确定剧情的具体表达内容，根据情节设定进行动画思维的转化，进而进行具体的镜头细分和镜头内容表达。所以在对剧本进行分析时，首先要确定整个剧集内容的时间，一定要在剧集的限定时间内进行镜头核心内容的归纳和整理。具体就是确定剧集剧本中所设定的场所和故事的发展脉络，依据场所进行故事剧情的情景化视觉设定，依据故事发展脉络进行故事整体发展过程中时间节奏的把握。本项目因只涉及一个完整剧集故事中的一段，所以在进行具体段落的分析时要进行关联段落分析，确定所分析段落在剧集整体节奏中的表达内容及表达方式。确定了分析段落的剧情节奏及主体表达内容后便进行细化处理，即以场景为载体的剧情情景化模拟，依此来确定镜头的数量、衔接、调度等，之后再进行每个具体镜头的详细设定。

二、商业动画剧本文字分镜写作的方法

文字分镜是在剧本分析后，依照剧本分析的剧情情境化模拟的文字描述性演绎，所以动画剧本的文字分镜写作就是以文字的方式详细描述所设定的镜头视觉效果。具体书写时需按照一定的格式进行，即要明确标明镜头号、拍摄手法、景别、镜头长度、画面内容等。

其中，镜头号的确定是给设计者一个确定镜头的参考标准，也可以理解为是影片中一个完整行为的界定，在后续的画面分镜设计时可能会依据镜头的衔接性来对某些独立的镜头进一步细分出一个镜头中的几个动态效果。

拍摄手法是指为了更好地表达内容而进行的视觉效果模拟，以及虚拟摄像机拍摄手法的具体描述，这一步虽并非如拍电影中是真的摄像机，但为了实现动画视听化的观赏效果必须进行镜头效果的设定。

景别则是拍摄对象在画面中的显示范围，具体展示时可依据不同的效果表现需要进行景别的选择。

镜头长度是完成该镜头所需要的时间长度，可依据具体内容的表现需要和镜头视觉效果的表达进行设定。

画面内容则是在当前镜头视觉化后要具体展示的内容，设定时需要综合考虑该镜头各种表现技术下所要向观众展示的具体视觉画面，然后以精确的文字进行归纳描述。在本阶段的具体写作之前一定要充分与导演沟通，明确影片的主体风格和角色的表演特点，以期将故事的表达意图进行最大限度的开发。

┌─────────┐
│ 技能训练 │　　　商业动画《小猪班纳》镜头动画剧情分析
└─────────┘

一、商业动画《小猪班纳》之《谁是明日之星》剧本选段

第三场

景：海博士办公室

时：日

人：班纳、海博士、马主任、美美、导演、圣殿王子、小友、小恭等

　　△ 海博士跟导演亲切握手。

　　海博士：隆美卡导演，非常感谢您对我们星幻岛的支持，不知道这一次要挑选的究竟是个什么样的人呢？

　　△ 导演墨镜的镜片一闪。

　　△ 班纳等众人都期待地看着导演。

　　小路的心咚咚跳着，身体发抖：好紧张好紧张啊！

　　导演沉稳地：我要选的人，大概就是这个样子的。

　　△ 导演手中出现了一张照片。

　　△ 众人都注视着照片，海博士和马主任的脑袋正要伸上前。

　　△ 突然一只触须嗖地把照片拿走。

　　小友：让我看看！(还未来得及看)

　　小恭伸手又抢走：不！让我先看！

　　小友：我先看！

　　小恭：我先看！

　　△ 照片在小友、小恭之间抢来抢去。

　　班纳见状又跳又叫：我也要看！我也要看！给我看，给我看！

　　△ 美美一个飞身上前，抢下照片。

　　美美：哈哈！到我这儿咯！

　　△ 小友、小恭凌厉的眼神扫向美美手中的照片。

　　小友、小恭：我先拿到的！(扑上去)

　　班纳：给我看看！

　　△ 众同学都围了上去，抢成一团。

　　众同学：我也要看！我也要看！

　　圣殿王子不屑地甩了下额前的头发：一群笨蛋！

　　△ 这时，照片飞了起来，飘到空中。

　　△ 圣殿王子眼睛瞄到，一伸手抓住了照片，嘴角挑起笑意，正欲看。

　　△ 突然班纳等人扑向圣殿王子。

　　众同学：给我看，给我看！

圣殿王子被卷入烟尘，狼狈地大叫：不——不要抢——

△　海博士严厉地咳嗽两声。

海博士：咳咳……

马主任一边擦汗一边道：太太……不像话了！我……我马上去制止他们！

△　马主任冲向那团烟雾。

马主任：不要抢，停！快停下！

△　烟雾很快就将马主任卷了进去。

第四场

景：办公室外走廊上

时：日

人：吉吉、小路

△　吉吉落寞地靠在墙壁上。

小路：吉吉，你不想看看导演要选的是什么样的人吗？

吉吉叹口气：不看也知道，肯定是帅哥啦。小路，你为什么不去看？

小路不好意思地：我……我怕受伤……

(OS)海博士怒吼：住手——都给我住手——！

二、商业动画《小猪班纳》之《谁是明日之星》具体制作内容选段确定及分析

　　本项目制作的是该剧集中第三场结束段的剧情，因前述剧情整体的衔接性，所以分析选定剧情时需要涉及整体关联剧情的分析。本剧集的第三场戏主要讲述参选的小伙伴们争看导演拿出的照片，结合影片的受众定位，通过小伙伴之间互相争抢的激烈性来表现影片在该段剧情中的搞笑性设定，所以本项目选定的具体剧情区域如下：

　　△　马主任冲向那团烟雾。

　　马主任：不要抢，停！快停下！

　　△　烟雾很快就将马主任卷了进去。

　　该句段主要表现马主任制止因照片抢作一团的小伙伴们，重点在于抢作一团的状态和马主任作为制止者没起到作用反而被卷入其中的剧情效果。此外，因该句段下接第四场戏，即吉吉与小路的对话，因剧情设定为吉吉小朋友本身并没有在室内参与争抢，而在办公室外的走廊，所以在该镜头中需要设定一个承上启下的镜头转场性衔接内容，即小路在小伙伴争抢的同时走出办公室来到走廊，这样整个争抢行为就需要多设定一个动态画面内容，即小路推门走出办公室。

三、商业动画《小猪班纳》之《谁是明日之星》具体制作内容的镜头效果及具

体表达内容设定

　　依据以上分析，可将该选定句段作为一个完整镜头来进行设定，具体表现内容为小伙

伴们因照片抢作一团，一旁的马主任愤怒地制止但毫无成效，争抢中小路走出办公室来到室外走廊。可以看出，室内的争抢戏是该镜头的表现重点，小路离开办公室走到走廊是对下一场戏的衔接，因争抢事件的同时涉及小路作为竞选者的关联性，所以将小路推门离开办公室来到走廊作为该镜头的一个同步视角来处理。

　　该镜头内容的具体拍摄手法及景别确定上也是依据内容来确定的，为了更好地表现激烈的争抢状态，将使用镜头平视移动的手法进行处理，在景别选择上也以全景为主。为了更好地表现争抢的整体完整状态，在处理小路开门来到走廊时则选择镜头视角的切换和近景拍摄，以凸显小路的表情及情绪状态。

四、商业动画《小猪班纳》之《谁是明日之星》选定句段的文字分镜书写

　　在确定好具体表现剧情内容及镜头拍摄手法后，便进行具体文字分镜的书写，因只涉及句段在整体剧集中的一小部分，所以镜头号的确定将依照上下文中的关联性镜头号来确定，具体内容如下：

　　镜头号 90：(平视，移镜头，全景)小伙伴们因照片抢作一团，一旁的马主任愤怒地制止但毫无成效，且被卷入其中。

　　镜头号 90A：(平视，固定镜头，近景)小路推门而出，转身关门站在走廊，长舒一口气，抬头看向吉吉小朋友。

任务二　商业动画《小猪班纳》镜头动画画面分镜设计与制作

任务目标

❖ **商业动画《小猪班纳》镜头动画画面分镜设计**
1. 商业动画《小猪班纳》镜头动画画面分镜的构图设计。
2. 商业动画《小猪班纳》镜头动画画面分镜的场面调度设计。
3. 商业动画《小猪班纳》镜头动画画面分镜的角色表演及动态设计。

❖ **商业动画《小猪班纳》镜头动画画面分镜制作**
1. 商业动画《小猪班纳》镜头动画画面分镜中画面内容的具体绘制。
2. 商业动画《小猪班纳》镜头动画画面分镜的规范性完善制作。

知识链接

一、商业动画画面分镜设计的方法

　　进行画面分镜设计其实就是导演或分镜设计师依据影片剧情的表达内容和影片视听语言风格进行的静态视觉化演绎，是对前面文字分镜脚本中画面内容、拍摄手法、景别、

角色表演状态、场面调度等设定的视觉化呈现及标注，所以商业动画的画面分镜设计就是以视觉化的语言与后续流程中的创作者或者观众进行的第一次交流。

　　高质量的分镜设计稿直接决定观众在影院或电视的观看效果，这个设计与制作的过程也是对影片的视觉化叙事中存在问题的一次展示，进行画面分镜设计就是将故事的视觉化叙事进行最大限度的准确表达。所以进行画面分镜设计时首先要依据文字分镜脚本的设定进行最佳视角和角色表演角度的选择及设定，前提是需要设计者非常熟悉镜头中所涉及的角色造型，能够自如地绘制出各种透视关系的视角，且对角色的情感化表演有充分的表达。其次要熟知虚拟镜头拍摄手法在画面呈现方面的特点及表现效果，能够实现视觉化叙事镜头画面的流畅性及表达意图的准确性，在具体的画面呈现上注意构图的视觉中心性与场面调度的衔接性，以便较详尽地表达清楚实施及制作动画的意图。

二、商业动画画面分镜绘制的规范和要求

　　商业动画画面分镜稿绘制最基本的要求就是严格按照动画画面分镜的格式进行，准确地将格式中所涉及的镜头号、内容描述、画面说明、镜头长度等内容表达清楚。要充分体现导演的创作意图、创作思想和创作风格，实现分镜头表达的流畅自然、画面形象的简洁易懂，镜头间的衔接方式和镜头运用等标注清楚，画面描述中的对话和其他表达性语言要表述清楚，如果有需要可进一步就画面中的视觉效果进行基本色调或效果氛围的表现。

技能训练　　**商业动画《小猪班纳》镜头动画画面分镜设计与制作**

　　(1) 绘制镜头 90 的画面分镜，并用箭头标注清楚抢作一团的烟雾团的移动方向。此外，在烟雾团的移动过程中，马主任制止的状态①和状态②，以及马主任的对话在对白栏标注清楚。该镜头时间长度为 2 秒，在表格的最后栏标明，如图 6-3 所示。

图 6-3　画面分镜绘制效果(1)

　　(2) 绘制镜头 90 的画面分镜中随着烟雾团的移动，马主任被卷入其中的状态③，如图 6-4 所示。

图 6-4　画面分镜绘制效果(2)

(3) 绘制镜头 90 的画面分镜中马主任被卷入后烟雾团的打闹状态，如图 6-5 所示。

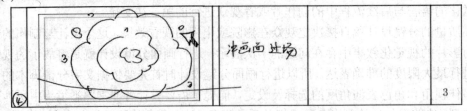

图 6-5　画面分镜绘制效果(3)

(4) 绘制镜头 90A 的画面分镜，该画面主要是镜头切换至办公室门口的效果，如图 6-6 所示。

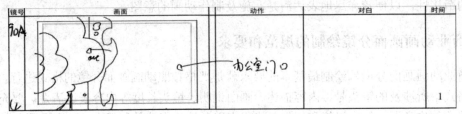

图 6-6　画面分镜绘制效果(4)

(5) 绘制镜头 90A 的画面分镜中小路推开办公室门走出的状态，如图 6-7 所示。

图 6-7　画面分镜绘制效果(5)

(6) 绘制镜头 90A 的画面分镜中小路走出办公室转身关门的状态，如图 6-8 所示。

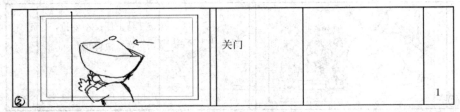

图 6-8　画面分镜绘制效果(6)

(7) 绘制镜头 90A 的画面分镜中小路站在门口长舒一口气的状态，如图 6-9 所示。

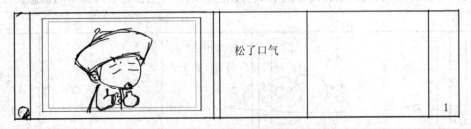

图 6-9　画面分镜绘制效果(7)

(8) 绘制镜头 90A 的画面分镜中小路抬头发现并望向吉吉的状态，如图 6-10 所示。

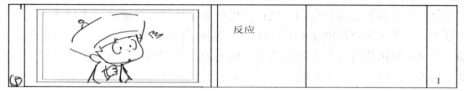

图 6-10　画面分镜绘制效果(8)

任务三　商业动画《小猪班纳》镜头动画角色造型设计与制作

任务目标

❖ 商业动画《小猪班纳》镜头动画角色造型设计

1. 商业动画《小猪班纳》镜头动画中角色造型归纳。
2. 商业动画《小猪班纳》镜头动画中角色造型设计。

❖ 商业动画《小猪班纳》镜头动画角色造型制作

1. 商业动画《小猪班纳》镜头动画中角色局部造型制作。
2. 商业动画《小猪班纳》镜头动画中角色造型转面图制作。

知识链接

一、商业动画角色造型设计的方法

因本项目属于商业动画的实战演练教学，所以本项目选定镜头中所涉及的角色形象完全参照该影片的原设造型进行制作，但在一般的原创性动画制作流程中，角色设计环节是在剧本确定后再进行美术设定的。在进行角色造型设计时，首先需要跟导演和制片人商讨动画角色美术风格类型的特征，然后研读剧本整理如下主要内容：角色的性格、背景资料、与其他角色之间的关系、角色正面或反面属性、角色动态或表演风格、服装与道具特点、生活习惯、在故事设定场景中的具体表现等，依据以上资料归纳、制作角色设计清单。然后再依据角色设计清单搜集相关素材，最后参考素材和角色设计清单中具体角色的综合性要求进行角色设计稿的绘制。

在本项目的角色设计环节，我们直接参照原始影片中的造型，根据镜头 90 和镜头 90A 中画面设计的需要进行相关造型清单的整理，然后在 Flash 软件中逐一进行绘制。

二、商业动画角色造型绘制的规范和要求

一般动画角色设计中的规范主要包括如下几个方面：结构图、效果图、多角度转面图、头部结构分解图、手足造型细部、姿态图、面部表情图、服装图、服饰道具图、角色谱系比例图、发型图、口型图、色标图等，目的是为整部影片的所有制作人员指定角色的造型

标准，方便所有制作人员制作风格和角色造型的统一性。其中，结构图主要包括角色的比例图和角色肢体的体积结构划分两方面；效果图是设计制作最能充分表现角色造型特征的视觉角度图示；在多角度转面图的设计中主要包括正面图、正侧面图、正 45 度转面图、背面图、后 45 度转面图五个视角的造型结构图示；头部结构分解图主要是以切面的方式详细剖析角色头部的几何原型结构，以及五官在面部的分布，以方便原画师和动画师正确把握角色的头部空间、体积、尺度和结构等；手足造型细节一般包含角色手足的各种动作、各个透视角度下的形态、手抓握器物时的姿态、手臂和腿的运动幅度、腿和手臂在运动过程中的肌肉变化、手势所传达的信息、手和手之间的配合关系等；姿态图主要描绘一些动画的主要角色最具性格特征的肢体语言，为后续动画设计人员提供参考依据；面部表情图主要包括角色比较有代表性的表情和神态、眉眼的表情变化及活动范围、嘴部表情变化等；服饰道具图主要包括设计角色在影片所有戏份中所涉及的服装和佩戴道具的设计；角色谱系比例图则是整部影片中所有主要角色的全家福，能够完整显示各个角色之间的相对比例关系，以保证在同一场景中出现多个动画角色时，保持角色之间正确的身高和体型尺度关系；发型图的设计要求通常包含发型的转面、发型的体积结构、发型与头部的配合关系、发型的动态造型等；口型图则是角色在说话过程中口型的一系列变化，通常可以制作角色不同转面角度下的口型图；色标图则是每个独立角色造型的色彩设定。以上角色设计的规范和要求是一般商业动画角色设计环节的基本要求，但我们在本项目的制作中还是参照项目设定中镜头动画的需要进行制作。

技能训练　　商业动画《小猪班纳》镜头动画角色造型设计与制作

(1) 参考画面分镜设计进行镜头动画中所设计角色造型结构和角色视角的归纳。

镜头 90：小伙伴特征性手臂及帽子结构、马主任正侧面视图、马主任正四分之三侧面视图。

镜头 90A：小路转面图(含正面、正背、正四分之三侧、背四分之三侧、正侧面)。

(2) 打开 Flash 软件，新建名为"造型库"的 FLA 文档，并保存到指定的文件夹，设定该文档大小为 1280 像素×720 像素，如图 6-11、图 6-12 所示。

图 6-11　新建名为"造型库"的 FLA 文档　　　图 6-12　设定文档大小为 1280 像素×720 像素

(3) 在"造型库"文档的场景 1 中修改图层 1 的名称为"小伙伴特征性手臂及帽子结构",并在舞台中绘制出小伙伴特征性手臂及帽子结构,如图 6-13 所示。

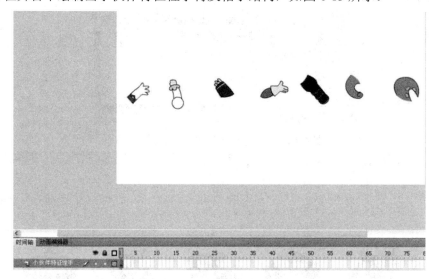

图 6-13　在舞台中绘制出小伙伴特征性手臂及帽子结构

(4) 在"造型库"文档中新建场景 2,修改图层 1 的名称为"马主任造型",并在舞台中绘制出马主任侧面和正四分之三侧面视图,如图 6-14、图 6-15 所示。

图 6-14　在"造型库"文档中新建场景 2

图 6-15　在舞台中绘制马主任侧面和正四分之三侧面视图

(5) 在"造型库"文档中新建场景 3,修改图层 1 的名称为"小路造型",并在舞台中绘制出小路转面图(含正面、正背、正四分之三侧、背四分之三侧、正侧面)，如图 6-16、图 6-17 所示。

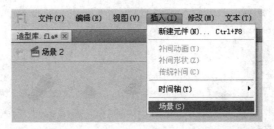

图 6-16　在"造型库"文档中新建场景 3

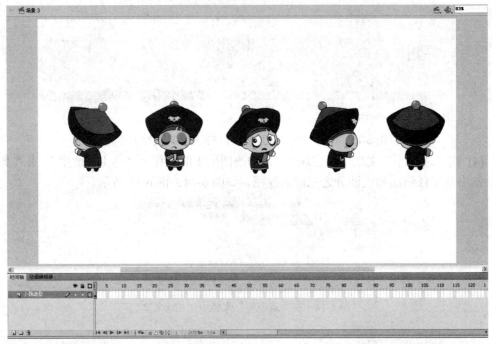

图 6-17　在舞台中绘制小路转面图(含正面、正背、正四分之三侧、背四分之三侧、正侧面)

任务四　商业动画《小猪班纳》镜头动画场景设计与制作

任务目标

❖ 商业动画《小猪班纳》镜头动画场景设计
1. 商业动画《小猪班纳》镜头动画中场景归纳。
2. 商业动画《小猪班纳》镜头动画中场景造型设计。
❖ 商业动画《小猪班纳》镜头动画场景制作
1. 商业动画《小猪班纳》镜头动画中场景的图层划分。
2. 商业动画《小猪班纳》镜头动画中场景的制作。

知识链接

一、商业动画场景设计的方法

一般的原创性商业动画场景设计，先由剧本分析入手，针对剧本中场景的相关设定进行场景空间的想象，边搜集素材边进行场景概念设计稿的设计、修改和完善。在进行场景概念设计稿的构思时主要跟导演沟通，选择和确定最佳的空间设定及色彩氛围，以实现所在场景中相关镜头的运用和表达。因为本项目的制作中所选取的镜头已经实际存在，所以场景设计的任务就是仔细分析成品中该场景的图层关系、空间表现效果、镜头的相关视觉效果、场景的色调设定、场景的布局和构成元素、场景效果的制作技术实现等方面的要素，然后着手设计和绘制。

二、商业动画场景制作的规范和要求

商业动画的场景设计效果要实现的基本要求就是场景在镜头和动画制作中的功能，即符合剧本中对故事背景的设定，满足角色塑造中对人物内心的烘托和刻画，在故事时空关系的塑造中保证镜头表达的流畅性等。制作本项目的场景时要严格按照成品的视觉效果进行，如该镜头所涉及场景的前景、中景、后景三个图层层次的制作，场景空间色调的表现，场景中各造型元素的塑造等。

技能训练　　商业动画《小猪班纳》镜头动画场景设计与制作

(1) 首先对本项目所选定镜头中的场景进行归纳及场景造型设计分析，镜头 90 中只涉及一个场景的设计任务——办公室室内景，而镜头 90A 中小路的背景则由道具门来实现，所以接下来只需制作办公室室内场景。

(2) 在之前创建好的"造型库"文档中新建场景 4，在其时间轴图层控制区域新建三个图层，分别命名为"前景""中景""后景"，如图 6-18、图 6-19 所示。

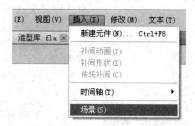

图 6-18　在"造型库"文档中新建场景 4

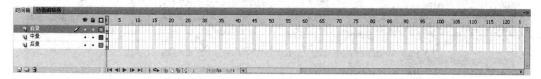

图 6-19　在"造型库"文档的场景 4 中创建三个图层并重命名

(3) 在场景 4 的"后景"图层选择"矩形工具",在舞台中绘制一个与舞台背景同等大小的背景区域,并设定填充色为"线性渐变",如图 6-20、图 6-21 所示。

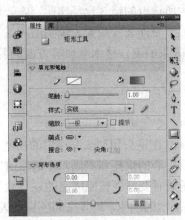

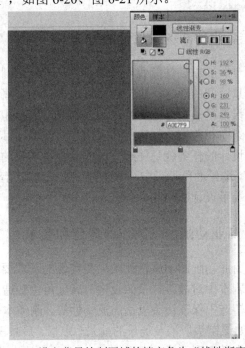

图 6-20　选择"矩形工具"　　　　图 6-21　设定背景绘制区域的填充色为"线性渐变"

(4) 在场景 4 的"前景"图层综合运用"线条工具""颜料桶工具""钢笔工具"等绘制该场景的前景部分,如图 6-22 所示。

图 6-22　综合运用"线条工具""颜料桶工具""钢笔工具"等绘制该场景的前景部分

(5) 在场景 4 的"中景"图层运用"笔刷工具"绘制中景部分的云朵造型，如图 6-23 所示。

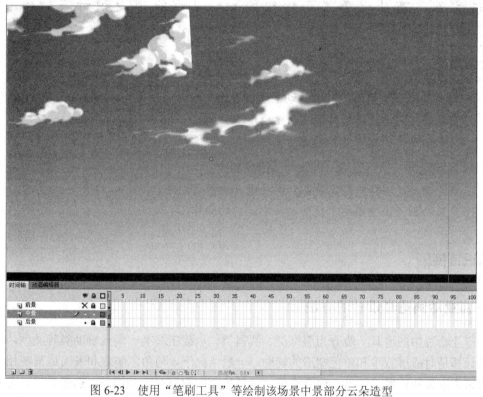

图 6-23 使用"笔刷工具"等绘制该场景中景部分云朵造型

(6) 最后微调各图层之间的位置关系，完成的最终效果，如图 6-24 所示。

图 6-24 场景制作的最终效果

任务五　商业动画《小猪班纳》镜头动画道具设计与制作

❖ 商业动画《小猪班纳》镜头动画道具设计
1. 商业动画《小猪班纳》镜头动画中道具归纳。
2. 商业动画《小猪班纳》镜头动画中道具造型设计。
❖ 商业动画《小猪班纳》镜头动画道具制作
1. 商业动画《小猪班纳》镜头动画中道具的图层划分。
2. 商业动画《小猪班纳》镜头动画中道具的制作。

知识链接

一、商业动画道具设计的方法

　　商业动画中的道具一般分为服饰类、武器类、承载工具类、场景辅助类等类型，道具的设计都是对故事叙事和角色塑造的辅助。一般情况下，与角色塑造和表演最紧密相关的是服饰类道具和武器类道具。服饰类道具包括角色的附属品、装饰品、携带品等，主要起到防护、装饰、标识等作用。武器类道具主要包括冷兵器、防护具、火器、魔幻武器等，此类道具的设计需要体现出角色所处的时代特点，符合角色肢体动作的特性，塑造角色使用者的性格特征等。本项目中角色的服饰已经在角色造型设计中进行了体现，所以就提取了镜头 90A 中门的造型作为场景辅助性道具进行讲解，设计该道具的造型时需要考虑其动画表现的需要，根据其动态特点进行造型结构的分层和视觉效果的设定，另外，还需注意该道具在其所在镜头中的作用，依据其作用在色调、细节等方面进行更好的视觉体现。

二、商业动画道具制作的规范和要求

　　道具有时在动画片中起到非常重要的作用，或交代故事剧情的关键信息，或推动情节发展，所以制作道具时需要详细绘制道具图。针对一些常用的道具还需设计制作多个角度视图，同样还需要进行色彩制定和道具使用时的功能说明等。本项目中的门作为场景辅助性道具，因在剧情中涉及动画的存在，所以制作时需要将左右两扇门分别制作于不同的图层，为后续的动画制作和表现的多种可能性提供基础性素材。

技能训练　　商业动画《小猪班纳》镜头动画道具设计与制作

　　(1) 首先对镜头 90、镜头 90A 中所涉及的道具进行归纳分析。在所涉及的镜头中，角色随身的附属性道具如服装、头饰等都已经在角色设计中体现，所以仅需设计和制作镜头

90A 中作为场景辅助性道具的门。

(2) 在之前创建好的"造型库"文档中新建场景 5，在其时间轴图层控制区域新建两个图层，分别命名为"左门""右门"，如图 6-25、图 6-26 所示。

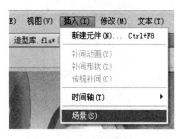

图 6-25　在"造型库"文档中新建场景 5

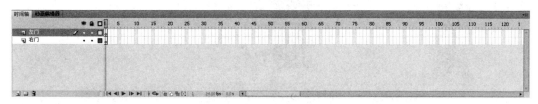

图 6-26　在"造型库"文档的场景 5 中创建两个图层并重命名

(3) 在场景 5 的"左门"图层综合运用选择"线条工具""钢笔工具""颜料桶工具"等进行左侧门造型的绘制，如图 6-27 所示。

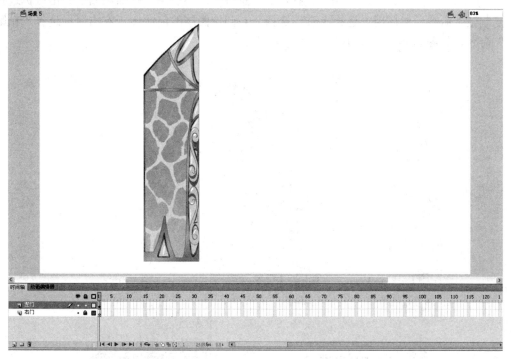

图 6-27　在场景 5 中的"左门"图层绘制左侧门的造型

(4) 在"左门"图层的第 2 帧处按快捷键 F7 创建空白关键帧，打开"绘图纸外观"，设置其控制区域为前两帧，在第 2 帧上绘制出左侧门打开后的造型，如图 6-28 所示。

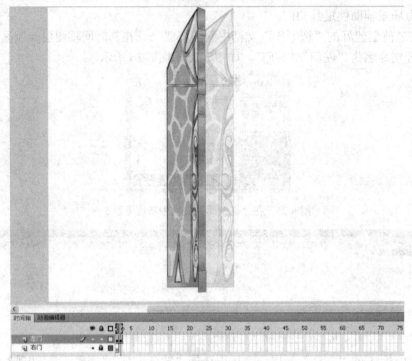

图 6-28　在场景 5 中的"左门"图层第 2 帧绘制左侧门打开的造型

(5) 关闭"绘图纸外观",用"选择工具"选择"左门"图层的前两帧,右击鼠标选择"复制帧"命令,然后用"选择工具"选择"右门"图层的前两帧,右击鼠标选择"粘贴帧"命令,如图 6-29、图 6-30 所示。

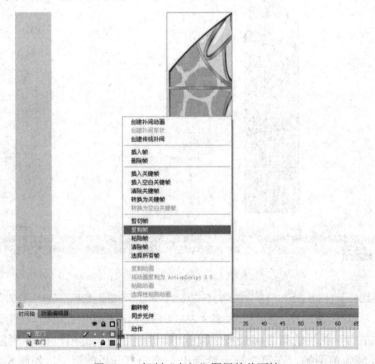

图 6-29　复制"左门"图层的前两帧

图 6-30　粘贴帧至"右门"图层前两帧处

　　(6) 打开时间轴区域的"编辑多个帧"按钮，设置其控制区域为前两帧，锁定"左门"图层后用"任意变形工具"调整"右门"图层中门的转向和位置。至此，道具门的造型制作完毕，如图 6-31 所示。

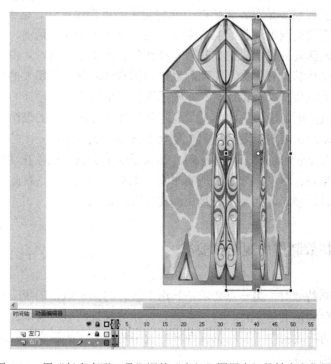

图 6-31　用"任意变形工具"调整"右门"图层中门的转向和位置

任务六　商业动画《小猪班纳》镜头动画特效设计与制作

任务目标

❖ 商业动画《小猪班纳》镜头特效动画设计
1. 商业动画《小猪班纳》镜头动画中特效归纳。
2. 商业动画《小猪班纳》镜头动画中特效造型设计。
❖ 商业动画《小猪班纳》镜头特效动画制作
1. 商业动画《小猪班纳》镜头动画中特效的图层划分。
2. 商业动画《小猪班纳》镜头动画中特效动画的制作。

知识链接

一、商业动画特效设计的方法

　　商业动画制作中的影片叙事所涉及的自然现象或超自然现象类的效果可归于动画特效设计类别，该大类别中所涉及的自然现象包含风、火、水、云雾、烟、雨、雪、闪电、爆炸等，而超自然现象多是对各类超能力或超能量的可视化设计。这类特效动画在 Flash 动画的制作中多需要动画师逐张绘制，主要起到表现特定的环境氛围、烘托影片中人物性格特征和各种心理活动的作用。在一些具有神话色彩或童话类的影片中，自然现象的拟人化特效处理往往可使其具有生命，在动画设计师的具体表达中表现人的感情、性格、动作等，所以进行此类特效型动画设计时，应根据影片风格确定特效设计的视觉效果，或写实或拟人化，而其风格则由影片的整体美术设定和影片中导演设定的表演风格来定。本项目所涉及的特效类动画主要包括两个，一个是众小伙伴因照片抢作一团的烟雾效果，另一个则是小路走出办公室长舒的一口气，这两者都属于烟雾类自然现象在动画设计中的应用。在进行镜头中效果设计时就需要参照现实中真实烟雾的动态分解，在此基础上融合动画镜头表现的需要进行造型、时间节奏、颜色变化等方面的设计。

二、商业动画特效制作的规范和要求

　　制作具体动画特效时，第一点要求是其造型设计与影片风格的统一性，其次是动画时间节奏设计与角色表演的适配性，第三点就是要始终保证特效本身属性的真实性。本项目镜头 90 中烟雾的特效制作需要注意该烟雾特效与角色表演的融合方式，以及角色抢闹中位置跟随等要求的表现。

　商业动画《小猪班纳》镜头动画特效设计与制作

（1）首先对镜头 90 和镜头 90A 中的特效动画进行归纳和分析。在对选定镜头进行分析后总结出其包含两个特效动画，一个是小伙伴们争抢时泛起的烟雾，一个是小路走出办公室后长舒的一口气。

（2）在之前创建好的"造型库"文档中新建场景 6，在其时间轴图层的控制区域新建两个图层，分别命名为"前景""后景"，如图 6-32、6-33 所示。

图 6-32　在"造型库"文档中新建场景 6

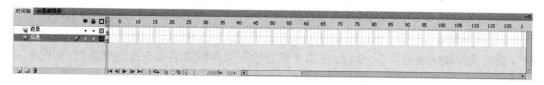

图 6-33　在"造型库"文档的场景 6 中创建两个图层并重命名

（3）在场景 6"后景"图层的第 1 帧处绘制烟雾特效后景的起始造型，如图 6-34 所示。

（4）在场景 6"后景"图层的第 3 帧处按快捷键 F7 创建空白关键帧，打开"绘图纸外观"，设置其控制区域为第 1～3 帧，在第 3 帧处绘制烟雾特效的第 2 张渐变造型，如图 6-35 所示。

图 6-34　在场景 6"后景"图层第 1 帧　　　　图 6-35　在场景 6"后景"图层第 3 帧
　　　　绘制烟雾后景起始造型　　　　　　　　　　　绘制烟雾后景的第 2 张渐变造型

（5）在场景 6"后景"图层的第 5 帧处按快捷键 F7 创建空白关键帧，打开"绘图纸外观"，设置其控制区域为第 3～5 帧，在第 5 帧处绘制烟雾特效的第 3 张渐变造型，如图 6-36 所示。

(6) 在场景 6 "后景" 图层的第 7 帧处按快捷键 F7 创建空白关键帧,打开 "绘图纸外观",设置其控制区域为第 5~7 帧,在第 7 帧处绘制烟雾特效的第 4 张渐变造型,如图 6-37 所示。

图 6-36　场景 6 "后景" 图层第 5 帧　　　　图 6-37　在场景 6 "后景" 图层第 7 帧
　　　绘制烟雾后景的第 3 张渐变造型　　　　　　　　绘制烟雾后景的第 4 张渐变造型

(7) 在场景 6 "后景" 图层的第 9 帧处按快捷键 F7 创建空白关键帧,打开 "绘图纸外观",设置其控制区域为第 7~9 帧,在第 9 帧处绘制烟雾特效的第 5 张渐变造型,如图 6-38 所示。

(8) 在场景 6 "后景" 图层的第 11 帧处按快捷键 F7 创建空白关键帧,打开 "绘图纸外观",设置其控制区域为第 9~11 帧,在第 11 帧处绘制烟雾特效的第 6 张渐变造型,如图 6-39 所示。

图 6-38　在场景 6 "后景" 图层第 9 帧　　　　图 6-39　在场景 6 "后景" 图层第 11 帧
　　　绘制烟雾后景的第 5 张渐变造型　　　　　　　　绘制烟雾后景的第 6 张渐变造型

(9) 在场景 6 "后景" 图层的第 13 帧处按快捷键 F7 创建空白关键帧,打开 "绘图纸外观",设置其控制区域为第 11~13 帧,在第 13 帧处绘制烟雾特效的第 7 张渐变造型,如图 6-40 所示。

(10) 在场景 6 "后景" 图层的第 15 帧处按快捷键 F7 创建空白关键帧,打开 "绘图纸外观",设置其控制区域为第 13~15 帧,在第 15 帧处绘制烟雾特效的第 8 张渐变造型,然后在第 16 帧处按快捷键 F5 创建普通帧，如图 6-41 所示。

图 6-40　在场景 6 "后景" 图层第 13 帧
绘制烟雾后景的第 7 张渐变造型

图 6-41　在场景 6 "后景" 图层第 15 帧
绘制烟雾后景的第 8 张渐变造型

(11) 关闭 "绘图纸外观"，在场景 6 "后景" 图层的第 1 帧处对之前的线稿使用 "颜料桶工具" 进行颜色填充，如图 6-42 所示。

图 6-42　在场景 6 "后景" 图层第 1 帧对烟雾造型进行填充颜色

(12) 依照(11)中的操作步骤对剩余的第 3、5、7、9、11、13、15 帧进行颜色填充，如图 6-43～图 6-49 所示。

图 6-43　在场景 6 "后景" 图层第 3 帧
对烟雾造型进行填充颜色

图 6-44　在场景 6 "后景" 图层第 5 帧
对烟雾造型进行填充颜色

图 6-45　在场景 6 "后景" 图层第 7 帧
　　　　对烟雾造型进行填充颜色

图 6-46　在场景 6 "后景" 图层第 9 帧
　　　　对烟雾造型进行填充颜色

图 6-47　在场景 6 "后景" 图层第 11 帧
　　　　对烟雾造型进行填充颜色

图 6-48　在场景 6 "后景" 图层第 13 帧
　　　　对烟雾造型进行填充颜色

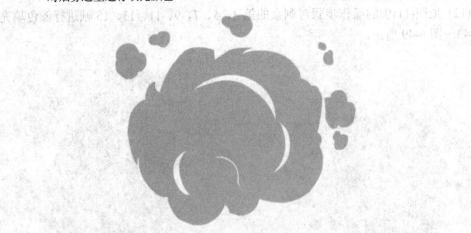

图 6-49　在场景 6 "后景" 图层第 15 帧对烟雾造型进行填充颜色

(13) 在场景 6 "前景" 图层的第 1 帧处绘制烟雾特效前景的起始造型，如图 6-50 所示。

(14) 在场景 6 "前景" 图层的第 3 帧处按快捷键 F7 创建空白关键帧，打开 "绘图纸外观"，设置其控制区域为第 1～3 帧，在第 3 帧处绘制烟雾特效的第 2 张渐变造型，如图 6-51 所示。

图 6-50　在场景 6 "前景" 图层第 1 帧　　　　图 6-51　在场景 6 "前景" 图层第 3 帧
　　　　绘制烟雾前景起始造型　　　　　　　　　　绘制烟雾前景的第 2 张渐变造型

(15) 在场景 6 "前景" 图层的第 5 帧处按快捷键 F7 创建空白关键帧，打开 "绘图纸外观"，设置其控制区域为第 3～5 帧，在第 5 帧处绘制烟雾特效的第 3 张渐变造型，如图 6-52 所示。

(16) 在场景 6 "前景" 图层的第 7 帧处按快捷键 F7 创建空白关键帧，打开 "绘图纸外观"，设置其控制区域为第 5～7 帧，在第 7 帧处绘制烟雾特效的第 4 张渐变造型，如图 6-53 所示。

图 6-52　在场景 6 "前景" 图层第 5 帧　　　　图 6-53　在场景 6 "前景" 图层第 7 帧
　　　　绘制烟雾前景的第 3 张渐变造型　　　　　　绘制烟雾前景的第 4 张渐变造型

(17) 在场景 6 "前景" 图层的第 9 帧处按快捷键 F7 创建空白关键帧，打开 "绘图纸外观"，设置其控制区域为第 7～9 帧，在第 9 帧处绘制烟雾特效的第 5 张渐变造型，如图 6-54 所示。

(18) 在场景 6 "前景" 图层的第 11 帧处按快捷键 F7 创建空白关键帧，打开 "绘图纸外观",设置其控制区域为第 9～11 帧,在第 11 帧处绘制烟雾特效的第 6 张渐变造型,如图 6-55 所示。

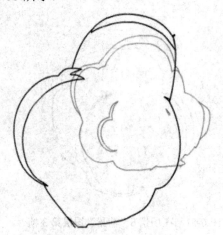 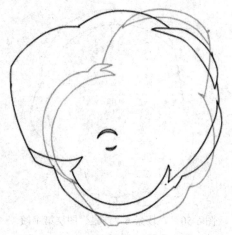

图 6-54　在场景 6 "前景" 图层第 9 帧
绘制烟雾前景的第 5 张渐变造型

图 6-55　在场景 6 "前景" 图层第 11 帧
绘制烟雾前景的第 6 张渐变造型

(19) 在场景 6 "前景" 图层的第 13 帧处按快捷键 F7 创建空白关键帧,打开 "绘图纸外观",设置其控制区域为第 11～13 帧,在第 13 帧处绘制烟雾特效的第 7 张渐变造型,如图 6-56 所示。

(20) 在场景 6 "前景" 图层的第 15 帧处按快捷键 F7 创建空白关键帧,打开 "绘图纸外观",设置其控制区域为第 13～15 帧,在第 15 帧处绘制烟雾特效的第 8 张渐变造型,然后在第 16 帧处按快捷键 F5 创建普通帧,如图 6-57 所示。

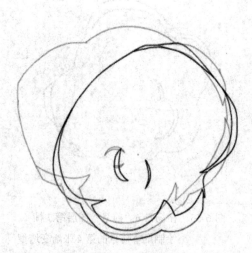 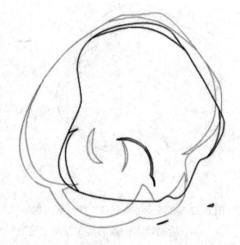

图 6-56　在场景 6 "前景" 图层第 13 帧
绘制烟雾前景的第 7 张渐变造型

图 6-57　在场景 6 "前景" 图层第 15 帧
绘制烟雾前景的第 8 张渐变造型

(21) 关闭 "绘图纸外观",在场景 6 "前景" 图层的第 1 帧处对之前的线稿使用 "颜料桶工具" 进行颜色填充,如图 6-58 所示。

图 6-58　在场景 6 "前景" 图层第 1 帧对烟雾造型进行填充颜色

(22) 依照(21)中的操作步骤对剩余的第 3、5、7、9、11、13、15 帧进行颜色填充，至此，烟雾特效部分制作完毕，如图 6-59～图 6-65 所示。

图 6-59　在场景 6 "前景" 图层第 3 帧
对烟雾造型进行填充颜色

图 6-60　在场景 6 "前景" 图层第 5 帧
对烟雾造型进行填充颜色

图 6-61　在场景 6 "前景" 图层第 7 帧
对烟雾造型进行填充颜色

图 6-62　在场景 6 "前景" 图层第 9 帧
对烟雾造型进行填充颜色

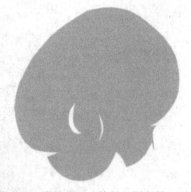

图 6-63　在场景 6 "前景" 图层第 11 帧　　　　图 6-64　在场景 6 "前景" 图层第 13 帧
　　　　　对烟雾造型进行填充颜色　　　　　　　　　　对烟雾造型进行填充颜色

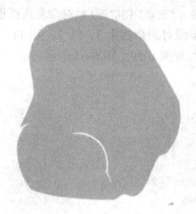

图 6-65　在场景 6 "前景" 图层第 15 帧对烟雾造型进行填充颜色

　　(23) 在 "造型库" 文档中新建场景 7，修改其图层 1 的名称为 "叹气"，参照烟雾特效的制作原理制作 "叹气" 特效的逐帧动画，如图 6-66 所示。

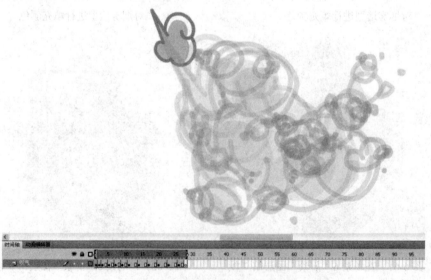

图 6-66　在场景 7 制作 "叹气" 特效的逐帧动画

任务七　商业动画《小猪班纳》镜头动画设计与制作

任务目标

❖ 商业动画《小猪班纳》镜头动画设计

1. 商业动画《小猪班纳》选定镜头 90 中相关角色动画设计。

2. 商业动画《小猪班纳》选定镜头 90A 中相关角色动画设计。

❖ 商业动画《小猪班纳》镜头动画制作

1. 商业动画《小猪班纳》选定镜头 90 中相关角色动画制作。

2. 商业动画《小猪班纳》选定镜头 90A 中相关角色动画制作。

知识链接

一、商业动画角色动画设计的方法

在商业动画的镜头动画设计中，角色动画设计作为主体需要重点表现。在对特定镜头中的角色进行表演性原动画设计时，首先需要考虑导演所设定的剧情叙事风格、角色表演风格、角色造型及动态设定、角色间的表演互动等方面的因素，据此进行特定镜头中相关角色的原动画设计。基于动画中角色动画设计和风格表现的特殊性要求，在进行角色的动态设计时一般会遵循一定的动画技法，以表现动画角色的感染力。这类动画技法主要包括角色运动规律中的作用力与反作用力、弹性变形、惯性变形、预备动作、跟随动作、曲线运动、弧线运动、波形运动、S 形运动、形态夸张、速度夸张、情绪夸张等。只有依据不同角色的表演性设定结合相应的动画技法才能设计出独具风格特点的动画。

二、商业动画角色动画制作的规范和要求

在进行商业动画相应镜头中动画的制作时，最基本的要求就是符合剧情和导演的意图。具体制作中需要先对每个角色进行原画设计，即制作出角色在特定镜头表演性需求的关键动态，即对该角色进行一套动作的设计，设计该套动作时除了表演性要求外一定要把握好时间的限定性，需将整套动作的关键动态在 Flash 软件时间轴的特定帧上进行绘制或调整出来，完成原画部分后根据动画的需要进行补间动画的创建，或选用逐帧动画的方式制作中间的动画部分，所以从具体的效果实现方面来看，角色动画的时间和速度的把握是衡量动画制作质量的一个关键因素。

技能训练 商业动画《小猪班纳》镜头动画设计与制作

一、商业动画《小猪班纳》之《谁是明日之星》镜头 90 动画制作

(1) 创建新的 FLA 文档，另存到指定盘符并命名为"SC_090"，设置舞台大小为 1280 像素×720 像素，帧频设置为 25 帧/秒，如图 6-67、图 6-68 所示。

图 6-67 新建 FLA 文档并命名为"SC_090" 图 6-68 设置舞台大小和帧频

(2) 将"SC_090"场景 1 中图层 1 的名称修改为"安全框"，使用"矩形工具"在舞台中绘制一个与舞台等大的透明灰色底色，之后使用"矩形工具"在舞台中央绘制一个红色虚线安全框，矩形边角大小设置为 25，矩形大小设置为 1150 像素×650 像素，坐标位置设置为 64、36，最后删除红色虚线框内的颜色区域，如图 6-69～图 6-71 所示。

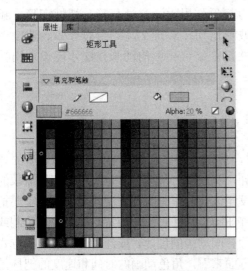

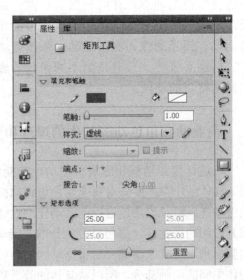

图 6-69 绘制透明底色的矩形工具属性设置 图 6-70 绘制红色边框的矩形工具属性设置

图 6-71　绘制完成的"安全框"图层内容

(3) 在"SC_090"场景 1 新建图层 2，并将名称修改为"镜头号"，在舞台红色安全虚线框的左上角用"文本工具"标注"SC090"，如图 6-72 所示。

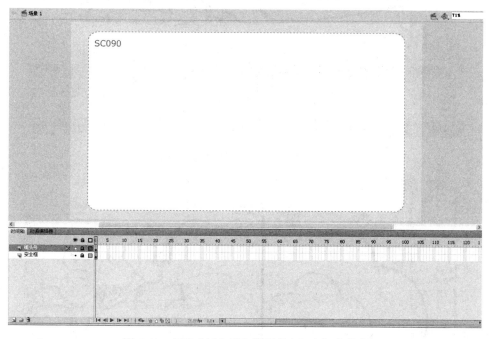

图 6-72　创建"镜头号"图层并在舞台标注信息

(4) 在"SC_090"场景 1 的图层控制区域依次创建"字幕""动画""背景""动态分镜"图层，如图 6-73 所示。

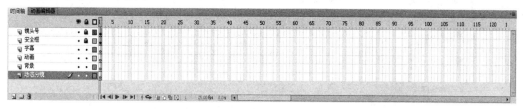

图 6-73　依次创建"字幕""动画""背景""动态分镜"图层

(5) 先在"镜头号"和"安全框"图层的第 125 帧处创建普通帧，再将镜头 90 画面分镜中的每个画面图片按照时间设定分别导入"动态分镜"图层的相应帧上，即第 1、60、83、105 帧，每张图片以对应红色安全框的方式设置大小和位置。图片导入后在"动态分镜"图层的第 125 帧处创建普通帧，以此作为动态分镜，为后续的动画制作提供参考，如图 6-74～图 6-77 所示。

图 6-74 "动态分镜"图层第 1 帧效果

图 6-75 "动态分镜"图层第 60 帧效果

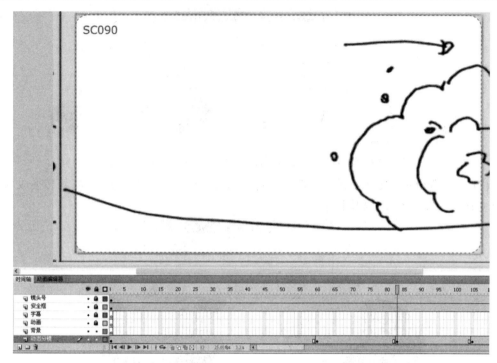

图 6-76 "动态分镜"图层第 83 帧效果

图 6-77 "动态分镜"图层第 105 帧效果

(6) 打开"造型库"文档,在场景 1 中选中舞台中的所有造型,按快捷键 F8 将其转换成名为"争抢"的图形元件,如图 6-78 所示。

图 6-78　场景 1 舞台中造型转换成名为"争抢"的图形元件

(7) 在"造型库"文档场景 2 中选中舞台中的所有造型，按快捷键 F8 将其转换成名为"马主任"的图形元件，如图 6-79 所示。

图 6-79　场景 2 舞台中造型转换成名为"马主任"的图形元件

(8) 在"造型库"文档场景 4 中选中舞台中的所有造型，按快捷键 F8 将其转换成名为"背景"的图形元件，如图 6-80 所示。

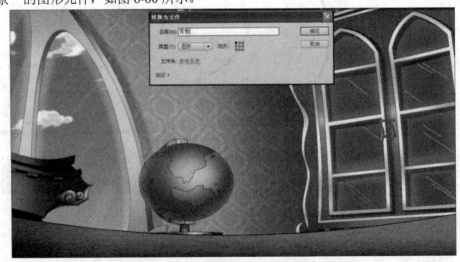

图 6-80　场景 4 舞台中造型转换成名为"背景"的图形元件

(9) 在"造型库"文档新建名为"烟雾"的图形元件，拷贝场景 6 中的"前景""后景"图层，并粘贴图层至"烟雾"元件的图层控制区域，删除"烟雾"元件中的图层 1，如图

6-81～图 6-83 所示。

图 6-81　在"造型库"文档新建名为"烟雾"的图形元件

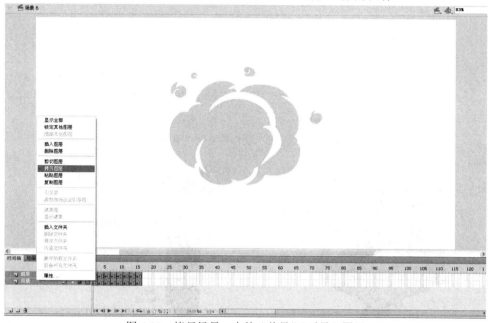

图 6-82　拷贝场景 6 中的"前景""后景"图层

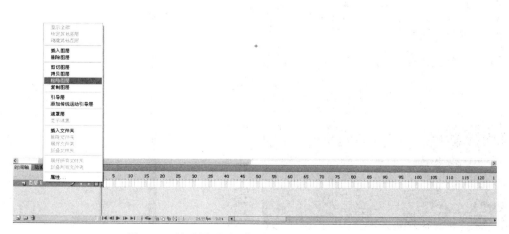

图 6-83　粘贴图层至"烟雾"元件的图层控制区域

(10) 在"造型库"文档中依次复制"争抢""马主任""背景""烟雾"元件，并粘贴"争抢""马主任""烟雾"元件至"SC_90"文档的"动画"图层，粘贴 "背景"元件至"SC_90"文档的"背景"图层，如图 6-84～图 6-89 所示。

图 6-84　在"造型库"文档中复制"争抢"元件

图 6-85　在"造型库"文档中复制"马主任"元件

图 6-86　在"造型库"文档中复制"背景"元件

图 6-87　复制"烟雾"元件

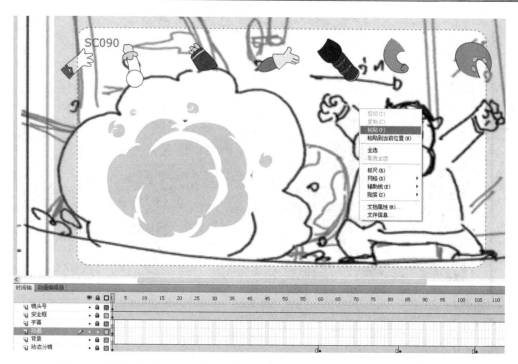

图 6-88　粘贴"争抢""马主任""烟雾"元件至"SC_90"文档的"动画"图层

图 6-89　粘贴"背景"元件至"SC_90"文档的"背景"图层

(11) 在"SC_90"文档中选择"动画"图层里的全部内容，按快捷键 F8 将其转换成名为"动画"的图形元件，如图 6-90 所示。

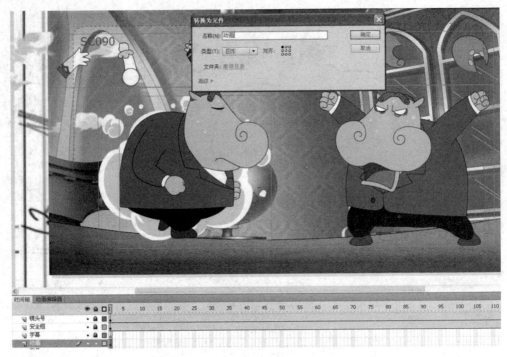

图 6-90　将"动画"图层内容转换成名为"动画"的图形元件

(12) 在"动画"元件内部新建图层 2，并修改图层 1 和图层 2 的名称为"打斗""马主任"，并依据图层命名将相应内容剪切和粘贴到相应图层的当前位置，如图 6-91、图 6-92 所示。

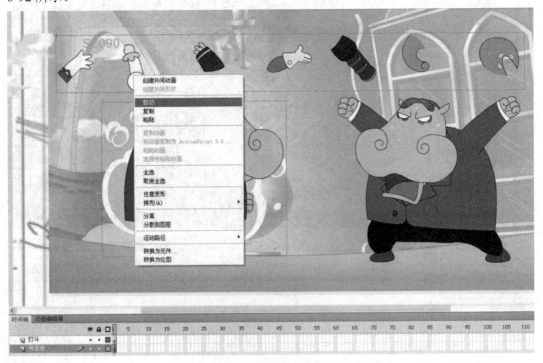

图 6-91　依据图层命名剪切相应内容

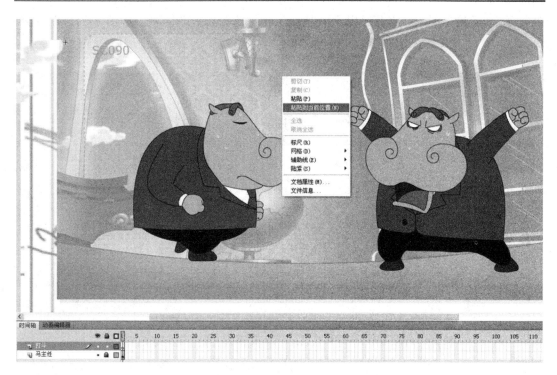

图 6-92　依据图层命名粘贴相应内容到当前位置

(13) 在"动画"元件内部点击"打斗"图层的第 1 帧，选中舞台造型后，按快捷键 F8 将其转换成名为"打斗"的图形元件，如图 6-93 所示。

图 6-93　将"打斗"图层内容转换成名为"打斗"的图形元件

(14) 在"打斗"图形元件内部双击舞台中的"烟雾"元件，在"烟雾"元件内部拷贝

"前景""后景"图层，将其粘贴至"打斗"元件的图层控制区域，如图 6-94、图 6-95
所示。

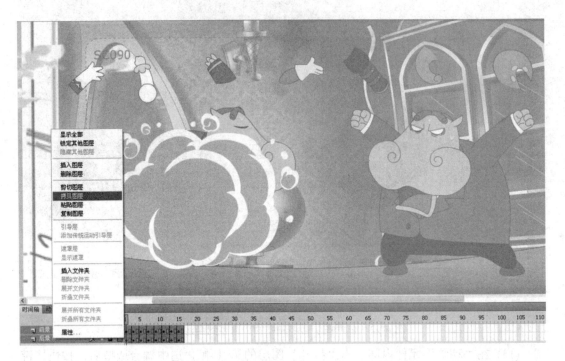

图 6-94　在"烟雾"元件内部拷贝"前景"、"后景"图层

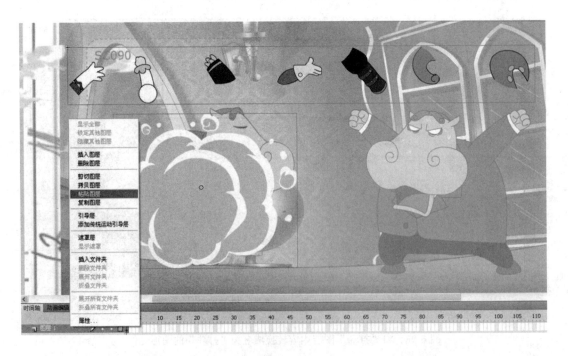

图 6-95　将拷贝的图层粘贴至"打斗"元件的图层控制区域

(15) 在"打斗"元件的舞台中删除原来的"烟雾"元件,选中"争抢"元件后右击鼠标选择"分离"命令,如图6-96所示。

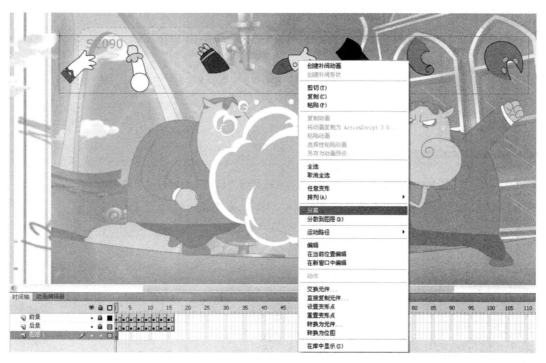

图6-96 选中"争抢"元件后右击鼠标执行"分离"命令

(16) 使用"选择工具"选中"争抢"元件分离后的所有造型,右击鼠标选择"分散到图层"命令,如图6-97所示。

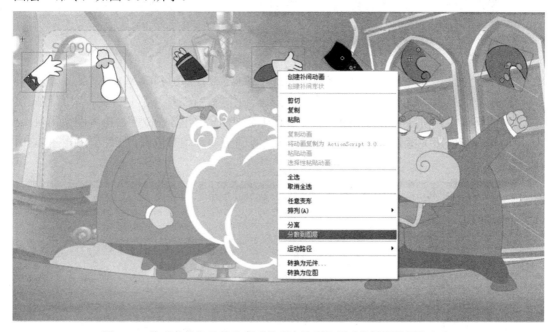

图6-97 将"争抢"元件分离后的所有造型执行"分散到图层"命令

(17) 在"打斗"元件内部的图层控制区域，依据图层内容修改图层名称，将"后景"图层拖动至最底层，并在舞台中调整除"前景""后景"外各图层内的造型位置以符合打斗的情节需要，如图 6-98、图 6-99 所示。

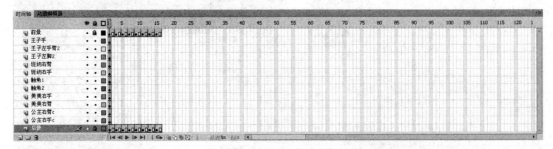

图 6-98　依据图层内容修改图层名称并将"后景"图层拖动至最底层

图 6-99　调整相关图层内的造型位置以符合打斗的情节需要

(18) 在"打斗"元件内部的时间轴控制区域制作除"前景""后景"图层外其他图层内造型的第 1～5 帧打斗动态动画。制作过程中先打开"绘图纸外观"，给各图层第 1～5 帧内的相应帧创建关键帧，并调整各造型的不同时间节奏和相对位置，如图 6-100、图 6-101 所示。

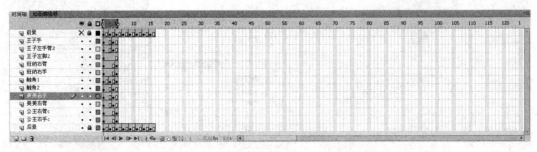

图 6-100　创建相应图层上的关键帧或普通帧

图 6-101 调整各相应图层上造型的位置和动态

(19) 关闭"绘图纸外观",在除"前景""后景"图层外其他图层时间轴的相关帧之间创建传统补间动画,如图 6-102 所示。

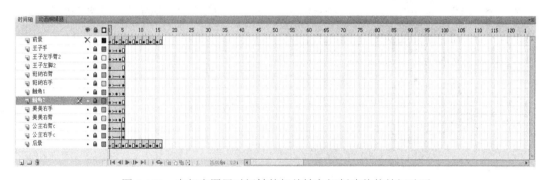

图 6-102 在相应图层时间轴的相关帧之间创建传统补间动画

(20) 在图层控制区域隐藏除"王子手"和"后景"图层外的其他图层并锁定,打开"绘图纸外观",参照"后景"图层中烟雾的位置和范围制作"王子手"图层中第 6~96 帧之间的动画,并在相关帧之间创建传统补间动画,如图 6-103、图 6-104 所示。

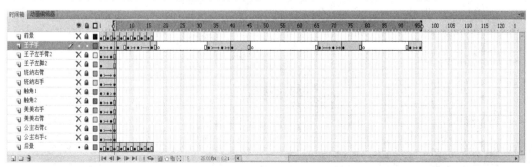

图 6-103 图层及时间轴控制区域的相关设置

图 6-104　"王子手"图层各相关帧的造型动态设置

(21) 在图层控制区域隐藏除"王子左手臂 2"和"后景"图层外的其他图层并锁定，打开"绘图纸外观"，参照"后景"图层中烟雾的位置和范围制作"王子左手臂 2"图层中第 6～96 帧之间的动画，并在相关帧之间创建传统补间动画，如图 6-105、图 6-106 所示。

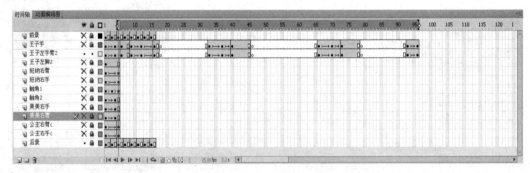

图 6-105　图层及时间轴控制区域的相关设置

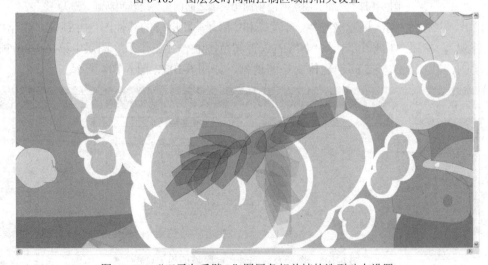

图 6-106　"王子左手臂 2"图层各相关帧的造型动态设置

(22) 在图层控制区域隐藏除"王子左脚2"和"后景"图层外的其他图层并锁定，打开"绘图纸外观"，参照"后景"图层中烟雾的位置和范围制作"王子左脚2"图层中第6~96帧之间的动画，并在相关帧之间创建传统补间动画，如图6-107、图6-108所示。

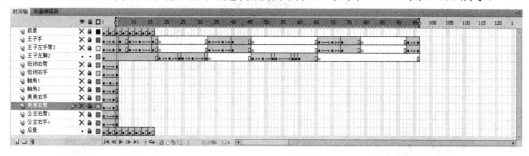

图6-107　图层及时间轴控制区域的相关设置

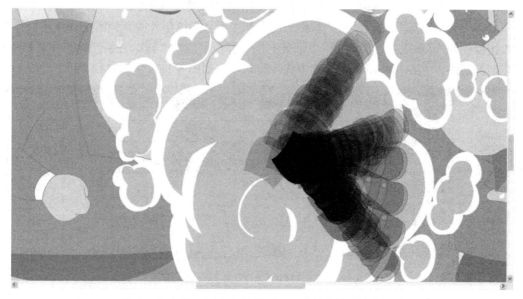

图6-108　"王子左脚2"图层各相关帧的造型动态设置

(23) 在图层控制区域隐藏除"班纳右臂"和"后景"图层外的其他图层并锁定，打开"绘图纸外观"，参照"后景"图层中烟雾的位置和范围制作"班纳右臂"图层中第6~96帧之间的动画，并在相关帧之间创建传统补间动画，如图6-109、图6-110所示。

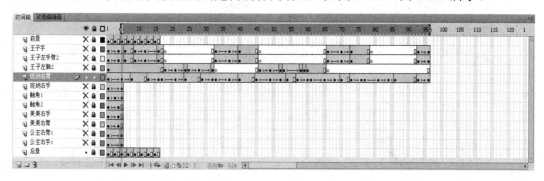

图6-109　图层及时间轴控制区域的相关设置

图 6-110　　"班纳右臂"图层各相关帧的造型动态设置

　　(24) 在图层控制区域隐藏除"班纳右手"和"后景"图层外的其他图层并锁定，打开"绘图纸外观"，参照"后景"图层中烟雾的位置和范围制作"班纳右手"图层中第 6~96 帧之间的动画，并在相关帧之间创建传统补间动画，如图 6-111、图 6-112 所示。

图 6-111　　图层及时间轴控制区域的相关设置

图 6-112　　"班纳右手"图层各相关帧的造型动态设置

(25) 在图层控制区域隐藏除"触角 1"和"后景"图层外的其他图层并锁定,打开"绘图纸外观",参照"后景"图层中烟雾的位置和范围制作"触角 1"图层中第 6～96 帧之间的动画,并在相关帧之间创建传统补间动画,如图 6-113、图 6-114 所示。

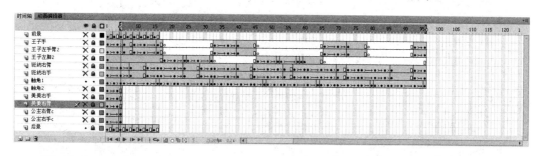

图 6-113　图层及时间轴控制区域的相关设置

图 6-114　"触角 1"图层各相关帧的造型动态设置

(26) 在图层控制区域隐藏除"触角 2"和"后景"图层外的其他图层并锁定,打开"绘图纸外观",参照"后景"图层中烟雾的位置和范围制作"触角 2"图层中第 6～96 帧之间的动画,并在相关帧之间创建传统补间动画,如图 6-115、图 6-116 所示。

图 6-115　图层及时间轴控制区域的相关设置

图 6-116　"触角 2"图层各相关帧的造型动态设置

　　(27) 在图层控制区域隐藏除"美美右手"和"后景"图层外的其他图层并锁定，打开"绘图纸外观"，参照"后景"图层中烟雾的位置和范围制作"美美右手"图层中第 6~96 帧之间的动画，并在相关帧之间创建传统补间动画，如图 6-117、图 6-118 所示。

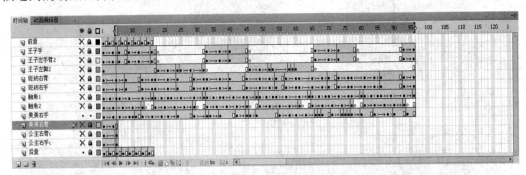

图 6-117　图层及时间轴控制区域的相关设置

图 6-118　"美美右手"图层各相关帧的造型动态设置

(28) 在图层控制区域隐藏除"美美右臂"和"后景"图层外的其他图层并锁定,打开"绘图纸外观",参照"后景"图层中烟雾的位置和范围制作"美美右臂"图层中第 6~96帧之间的动画,并在相关帧之间创建传统补间动画,如图 6-119、图 6-120 所示。

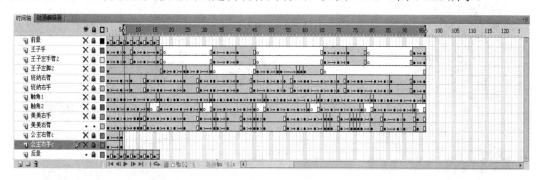

图 6-119　图层及时间轴控制区域的相关设置

图 6-120　"美美右臂"图层各相关帧的造型动态设置

(29) 在图层控制区域隐藏除"公主右臂 C"和"后景"图层外的其他图层并锁定,打开"绘图纸外观",参照"后景"图层中烟雾的位置和范围制作"公主右臂 C"图层中第 6~96 帧之间的动画,并在相关帧之间创建传统补间动画,如图 6-121、图 6-122 所示。

图 6-121　图层及时间轴控制区域的相关设置

图 6-122　"公主右臂 C"图层各相关帧的造型动态设置

(30) 在图层控制区域隐藏除"公主右手 C"和"后景"图层外的其他图层并锁定，打开"绘图纸外观"，参照"后景"图层中烟雾的位置和范围制作"公主右手 C"图层中第 6~96 帧之间的动画，并在相关帧之间创建传统补间动画，如图 6-123、图 6-124 所示。

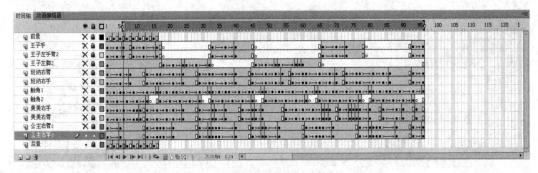

图 6-123　图层及时间轴控制区域的相关设置

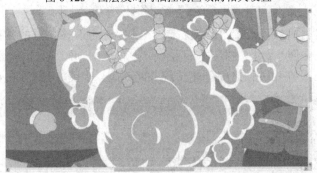

图 6-124　"公主右手 C"图层各相关帧的造型动态设置

(31) 关闭"绘图纸外观"，使用"选择工具"框选"前景"图层的第 1~16 帧，右击鼠标选择"复制帧"命令，然后自第 17 帧开始依序粘贴 5 次，刚好至第 96 帧，如图 6-125、图 6-126 所示。

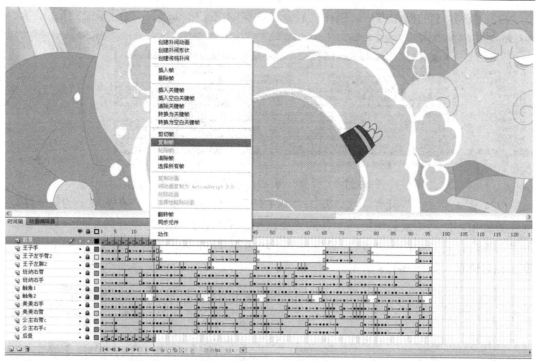

图 6-125　选择并复制"前景"图层的第 1～16 帧

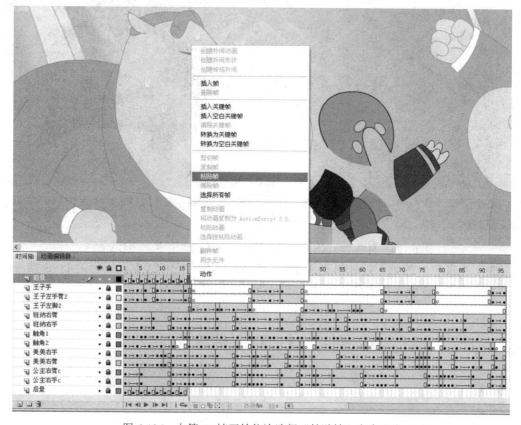

图 6-126　自第 17 帧开始依次选择"粘贴帧"命令 5 次

(32) 按照(31)的操作方法，制作"后景"图层的第 17～96 帧，如图 6-127 所示。

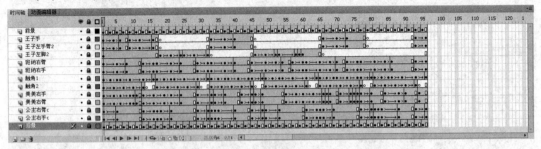

图 6-127　"后景"图层时间轴帧的制作效果

(33) 进入"动画"元件层级，双击"马主任"元件进入其内部，在图层 1 的第 7 帧处创建关键帧，使第 1 帧只保留马主任的侧面造型，第 7 帧只保留马主任的正四分之三侧面造型。然后打开"绘图纸外观"，设置控制区域为第 1～7 帧，并调整第 1、7 帧上两个造型的相对位置，如图 6-128 所示。

图 6-128　制作"马主任"元件内第 1、7 帧的造型效果和相对位置

(34) 在图层 1 的第 3 帧处创建关键帧，设置绘图纸外观的控制区域为第 1～3 帧，参照第 1 帧制作第 3 帧上马主任迈步往前走的动态，如图 6-129 所示。

图 6-129　参照第 1 帧制作第 3 帧上马主任迈步往前走的动态

（35）在图层 1 的第 5 帧处创建关键帧，设置绘图纸外观的控制区域为第 3～7 帧，参照第 3、7 帧制作第 5 帧上马主任驻步转身的动态，并将图层 1 名称改为"马主任转身"，复制"马主任转身"图层上第 7 帧造型，并粘贴至"马主任"图层 9 帧的当前位置，如图 6-130～图 6-132 所示。

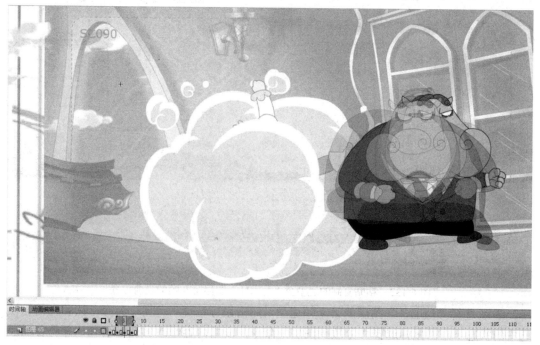

图 6-130　参照第 3、7 帧制作第 5 帧上马主任驻步转身的动态

图 6-131　复制"马主任转身"图层上第 7 帧造型

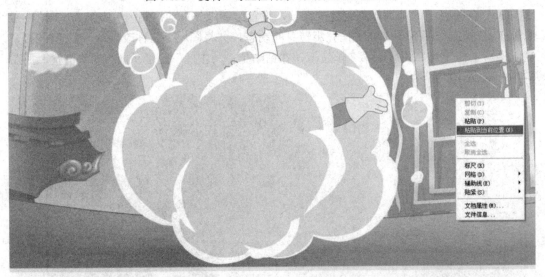

图 6-132　粘贴复制的造型至"马主任"图层第 9 帧的当前位置

(36) 选择"马主任"图层的第 9 帧造型，右击鼠标选择"分离"命令，在所有结构被选中的状态下右击鼠标选择"分散到图层"命令，依据内容修改各图层名称，并将各图层内容调整到第 9 帧的位置，之后再调整所有第 9 帧的造型为马主任抬起手发怒的动态，如

图 6-133~图 6-136 所示。

图 6-133 对"马主任"图层第 9 帧的造型执行分离命令

图 6-134 对"马主任"图层第 9 帧的各造型结构执行分散到图层命令

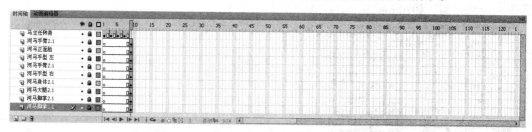

图 6-135 修改并调整各图层内容及在时间轴上的位置

图 6-136　调整各图层内容在第 9 帧上马主任抬手发怒的动态

(37) 在图层控制区域新建"手臂右"、"手臂左"图层，在时间轴上制作除"马主任转身"外各图层第 9～18 帧上马主任发怒挥动手臂大声呵斥的动画，如图 6-137、图 6-138 所示。

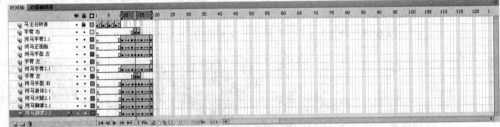

图 6-137　制作第 9～18 帧上马主任发怒挥动手臂大声呵斥的动画

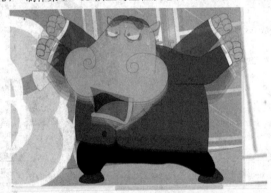

图 6-138　第 9～18 帧上马主任发怒挥动手臂大声呵斥的动画效果

(38) 在时间轴上制作除"马主任转身"外各图层第 19～31 帧上马主任发怒挥动手臂大声呵斥的动画，如图 6-139、图 6-140 所示。

图 6-139　制作第 19～31 帧上马主任发怒挥动手臂大声呵斥的动画

图 6-140　第 19～31 帧上马主任发怒挥动手臂大声呵斥的动画效果

(39) 在时间轴上制作除"马主任转身"外各图层第 32～52 帧上马主任发怒挥动手臂大声呵斥的动画，如图 6-141、图 6-142 所示。

图 6-141　制作第 32～52 帧上马主任发怒挥动手臂大声呵斥的动画

图 6-142　第 32～52 帧上马主任发怒挥动手臂大声呵斥的动画效果

(40) 在时间轴上制作除"马主任转身"外各图层第 53～59 帧上马主任身体倾斜马上被卷入烟雾的动画，如图 6-143、图 6-144 所示。

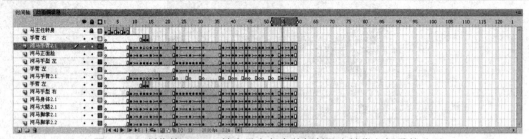

图 6-143　制作第 53~59 帧上马主任身体倾斜马上被卷入烟雾的动画

图 6-144　第 53~59 帧上马主任身体倾斜马上被卷入烟雾的动画效果

(41) 在图层控制区域拷贝除"马主任转身""手臂右""手臂左"三个图层外的其他图层,并粘贴图层至图层控制区域的下端。设置新复制图层只保留最后一个关键帧,并调整其在时间轴上的位置为第 60 帧。之后调整所有新复制图层第 60 帧上马主任的动态造型为被烟雾卷起腾空的动态,如图 6-145~图 6-148 所示。

图 6-145　拷贝除"马主任转身""手臂右""手臂左"三个图层外的其他图层

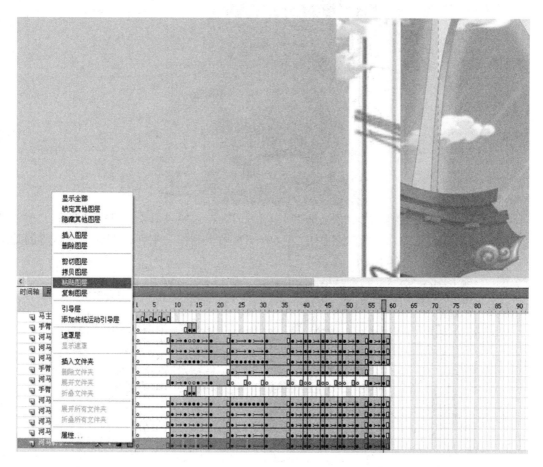

图 6-146　粘贴复制的图层至图层控制区域的下端

图 6-147　设置新复制图层只保留最后一个关键帧

图 6-148   调整所有新复制图层第 60 帧上马主任的动态造型为被烟雾卷起腾空的动态

(42) 在时间轴上制作新复制各图层第 60～67 帧上制作马主任被彻底卷入烟雾的动画，如图 6-149、图 6-150 所示。

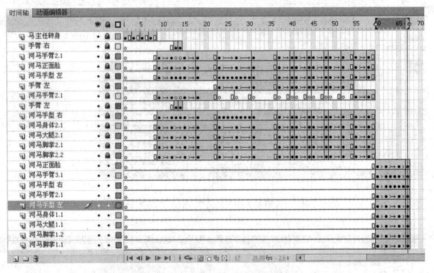

图 6-149   制作新复制各图层第 60～67 帧上制作马主任被彻底卷入烟雾的动画

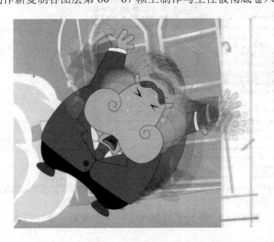

图 6-150   第 60～67 帧上马主任被彻底卷入烟雾的动画效果

(43) 进入"动画"元件层级，在"马主任"图层的第 70 帧处创建普通帧后锁定该图层。在"打斗"图层时间轴的第 6、11、15、20、25、30、36、41、46、51、60、67、75、83、125 帧处创建关键帧，使用"任意变形工具"调整各帧上的大小状态，并设置烟雾团的移动轨迹。最后创建"打斗"图层各关键帧之间的传统补间动画，如图 6-151 所示。

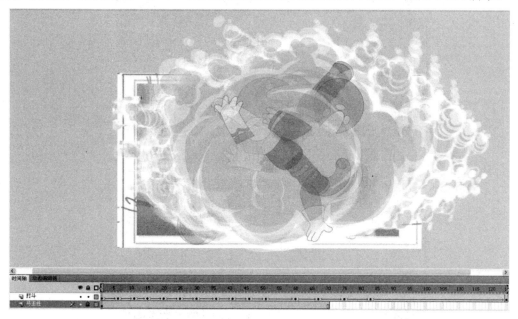

图 6-151　在"动画"元件层级制作"打斗""马主任"图层的动画效果

(44) 进入场景 1 层级，在"动画""背景"图层的第 125 帧处创建普通帧，如图 6-152 所示。

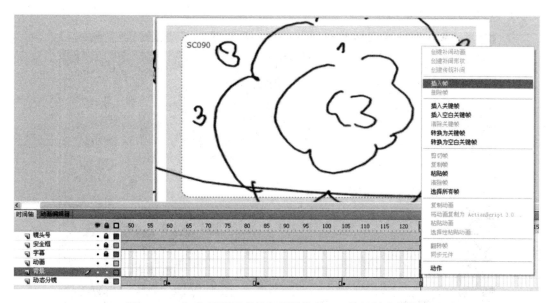

图 6-152　在"动画""背景"图层的第 125 帧处创建普通帧

(45) 在"字幕"图层时间轴区域的第 1、34、83 帧处按快捷键 F7 创建空白关键帧，并运用"文本工具"在第 1 帧处输入"马主任：不要抢"，在第 34 帧处输入"马主任：快快停下"，如图 6-153、图 6-154 所示。

图 6-153　　"字幕"图层第 1 帧字幕效果

图 6-154　　"字幕"图层第 34 帧字幕效果

(46) 最后按"Ctrl＋Enter"组合键测试动画效果，并保存好源文件，如图 6-155 所示。

图 6-155　　测试"SC_090"镜头的动画效果

二、商业动画《小猪班纳》之《谁是明日之星》镜头90A动画制作

(1) 创建新的 FLA 文档，将文档另存到指定盘符并命名为"SC_090A"，设置舞台大小为 1280 像素×720 像素，帧频设置为 25 帧/秒，如图 6-156、图 6-157 所示。

图 6-156　新建 FLA 文档并命名为"SC_090A"　　　　图 6-157　设置舞台大小和帧频

(2) 将"SC_090A"场景 1 中图层 1 的名称修改为"安全框"，使用"矩形工具"在舞台中绘制一个与舞台等大的透明灰色底色，之后使用"矩形工具"在舞台中央绘制一个红色虚线安全框，矩形边角大小设置为 25，矩形大小设置为 1150 像素×650 像素，坐标位置设置为 64、36，最后删除红色虚线框内的颜色区域，如图 6-158～图 6-160 所示。

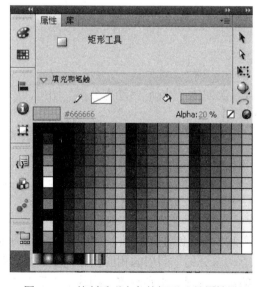

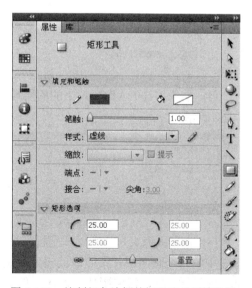

图 6-158　绘制透明底色的矩形工具属性设置　　　　图 6-159　绘制红色边框的矩形工具属性设置

图 6-160 绘制完成的"安全框"图层内容

(3) 在"SC_090A"场景 1 新建图层 2 并将名称修改为"镜头号",在舞台红色安全虚线框的左上角用"文本工具"标注"SC090A",如图 6-161 所示。

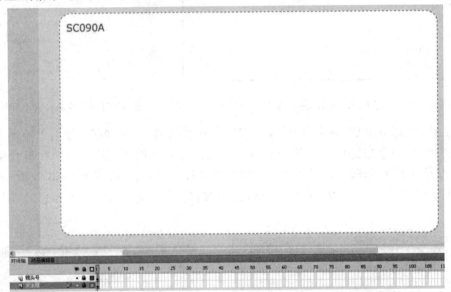

图 6-161 创建"镜头号"图层并在舞台标注信息

(4) 在"SC_090A"场景 1 的图层控制区域依次创建"动画""动态分镜"图层,如图 6-162 所示。

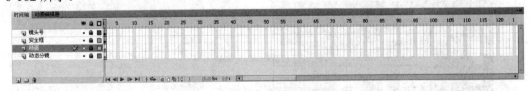

图 6-162 依次创建"动画""动态分镜"图层

(5) 先在"镜头号"和"安全框"图层的第 122 帧处创建普通帧,再将镜头 90A 画面分镜中的每个画面图片按照时间设定分别导入"动态分镜"图层的相应帧上,即第 1、29、50、70、101 帧,每张图片以对应红色安全框的方式设置大小和位置。图片导入后在"动态分镜"图层的第 122 帧处创建普通帧,以此作为动态分镜,为后续的动画制作提供参考,如图 6-163～图 6-167 所示。

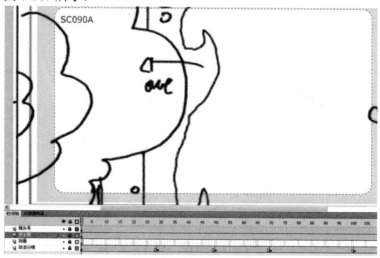

图 6-163　"动态分镜"图层第 1 帧效果

图 6-164　"动态分镜"图层第 29 帧效果

图 6-165　"动态分镜"图层第 50 帧效果

图 6-166　"动态分镜"图层第 70 帧效果

图 6-167　"动态分镜"图层第 101 帧效果

(6) 在"造型库"文档的场景 3 中复制小路的第 3 个造型，并将其粘贴至"SC_090A"文档的"动画"图层，如图 6-168、图 6-169 所示。

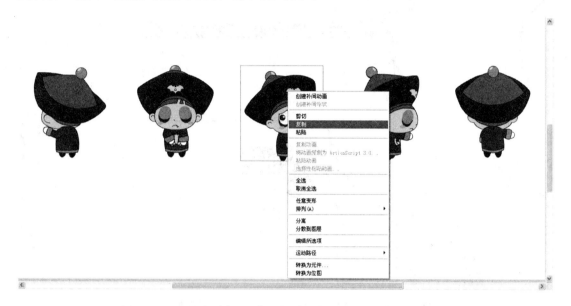

图 6-168 在"造型库"文档的场景 3 中复制小路的第 3 个造型

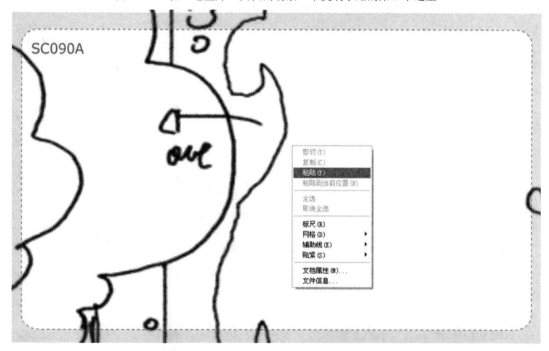

图 6-169 将复制的小路造型粘贴至"SC_090A"文档的"动画"图层

(7) 选中"动画"图层的小路造型，按快捷键 F8 将其转换成名为"动画"的图形元件，如图 6-170 所示。

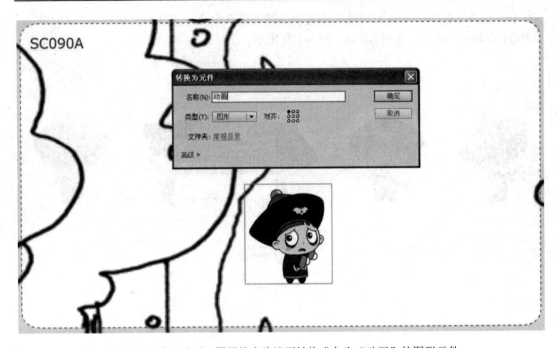

图 6-170　将"动画"图层的小路造型转换成名为"动画"的图形元件

(8) 双击"动画"图形元件进入其内部，修改图层 1 名称为"小路"，如图 6-171 所示。

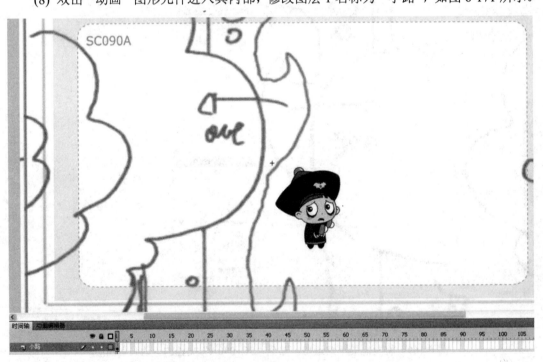

图 6-171　在"动画"内部修改图层 1 名称为"小路"

(9) 在"造型库"文档的场景 5 中拷贝"左门""右门"图层，并粘贴图层至"SC_090A"
文档"动画"元件的图层区域，如图 6-172、图 6-173 所示。

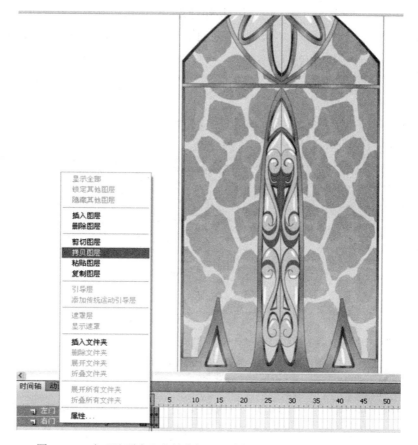

图 6-172　在"造型库"文档的场景 5 中拷贝"左门"、"右门"图层

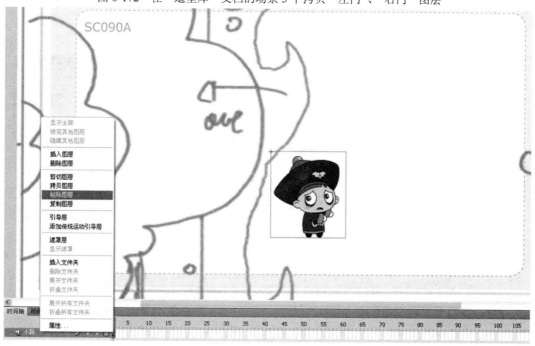

图 6-173　粘贴图层至"SC_090A"文档"动画"元件的图层区域

(10) 点选"左门"图层第 1 帧造型，按快捷键 F8 将其转换成名为"左门动画"的图形元件，点选"右门"图层第 1 帧造型，按快捷键 F8 将其转换成名为"右门动画"的图形元件，如图 6-174、图 6-175 所示。

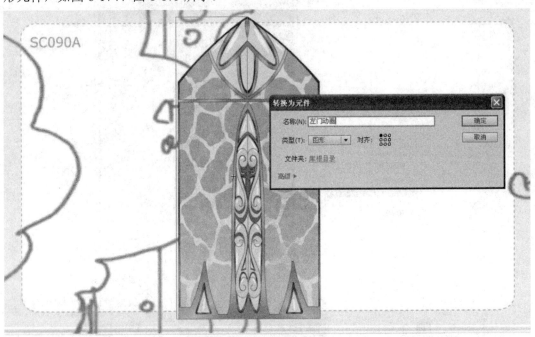

图 6-174　将"左门"图层第 1 帧造型转换成名为"左门动画"的图形元件

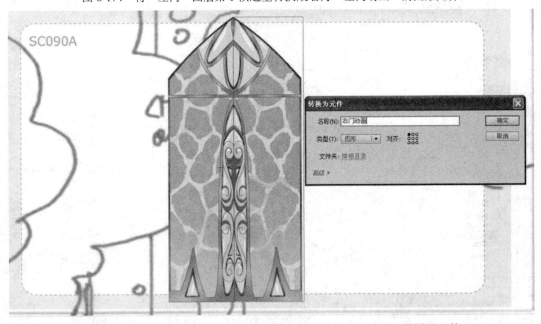

图 6-175　将"右门"图层第 1 帧造型转换成名为"右门动画"的图形元件

(11) 复制"动画"元件中"左门"图层的第 2 帧并粘贴至"左门动画"元件图层 1 的第 7 帧处，复制"动画"元件中"右门"图层的第 2 帧并粘贴至"右门动画"元件图层 1 的第 7 帧处，如图 6-176～图 6-179 所示。

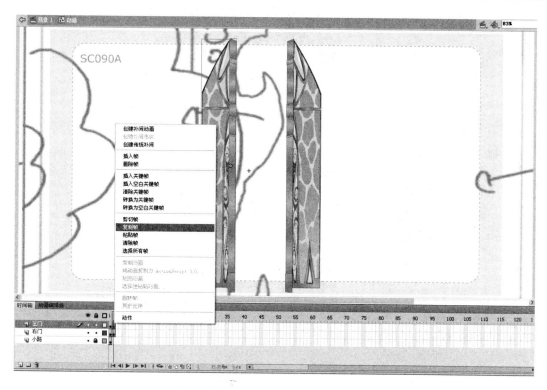

图 6-176 复制"左门"图层第 2 帧

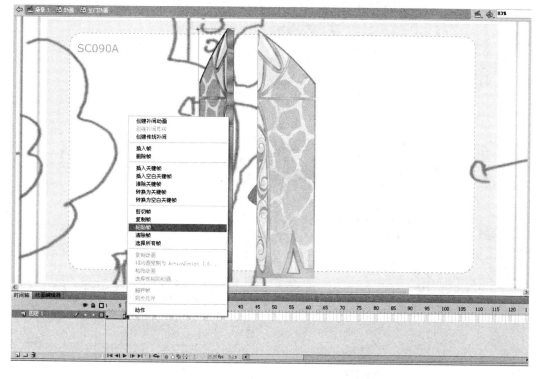

图 6-177 粘贴帧至"左门动画"图层第 7 帧

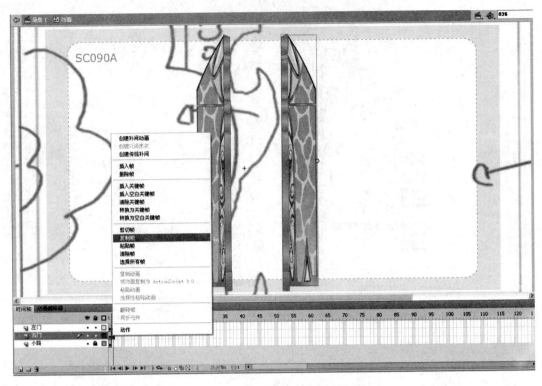

图 6-178　复制"右门"图层第 2 帧

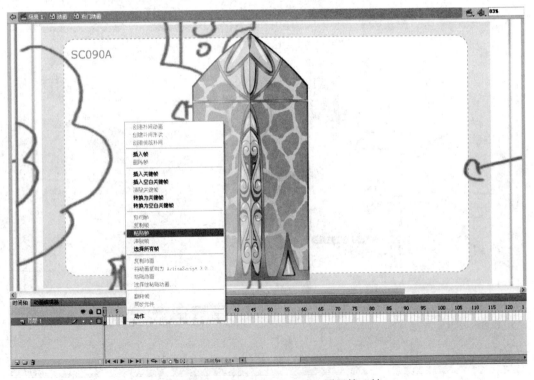

图 6-179　粘贴帧至"右门动画"图层第 7 帧

(12) 在"动画"元件层级删除"左门"、"右门"图层的第 2 帧，如图 6-180 所示。

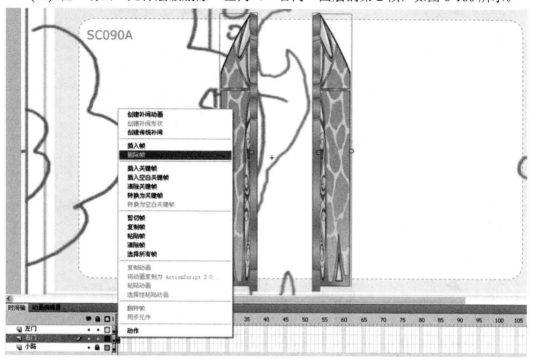

图 6-180　在"动画"元件层级删除"左门"、"右门"图层的第 2 帧

(13) 在"左门动画"元件内部制作左门打开的逐帧动画，如图 6-181 所示。

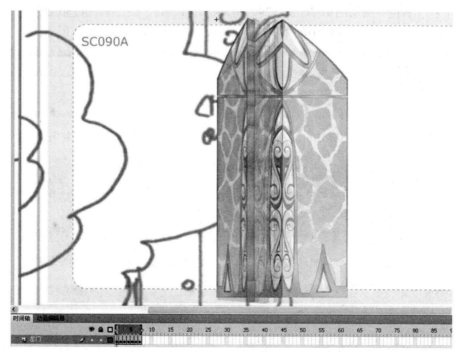

图 6-181　在"左门动画"元件内部制作左门打开的逐帧动画

(14) 在"右门动画"元件内部制作右门打开的逐帧动画，如图 6-182 所示。

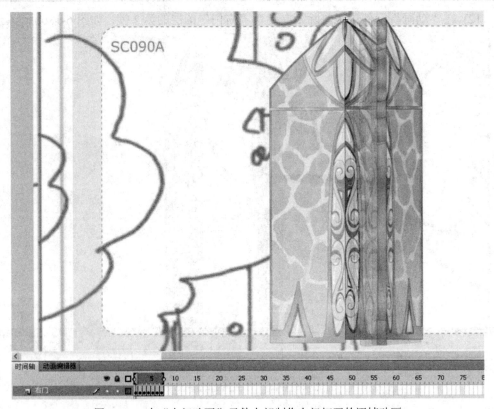

图 6-182 在"右门动画"元件内部制作右门打开的逐帧动画

　　(15) 在"右门"图层的第 7、11、29、30、40、41、42、43、44、45 帧处创建关键帧，并设置每个关键帧在属性面板中的"循环"属性，如图 6-183～图 6-194 所示。

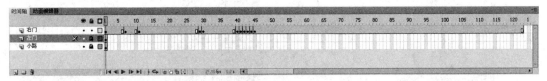

图 6-183 在"右门"图层的第 7、11、29、30、40、41、42、43、44、45 帧处创建关键帧

图 6-184 设置第 1 帧的循环属性

图 6-185 设置第 7 帧的循环属性

图 6-186 设置第 11 帧的循环属性

图 6-187 设置第 29 帧的循环属性

图 6-188　设置第 30 帧的循环属性 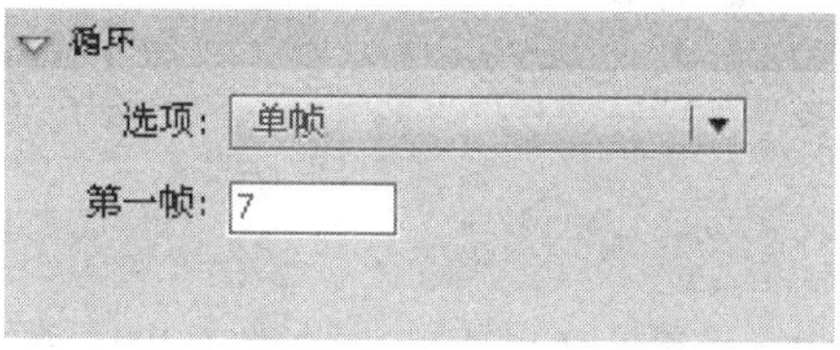　　　　　图 6-189　设置第 40 帧的循环属性

图 6-190　设置第 41 帧的循环属性 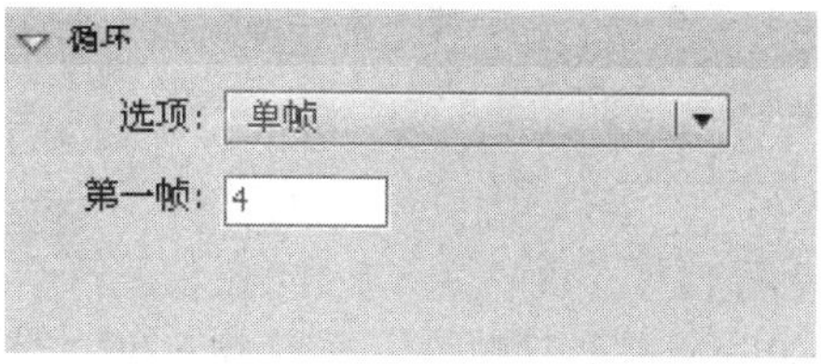　　　　　图 6-191　设置第 42 帧的循环属性

图 6-192　设置第 43 帧的循环属性　　　　　图 6-193　设置第 44 帧的循环属性

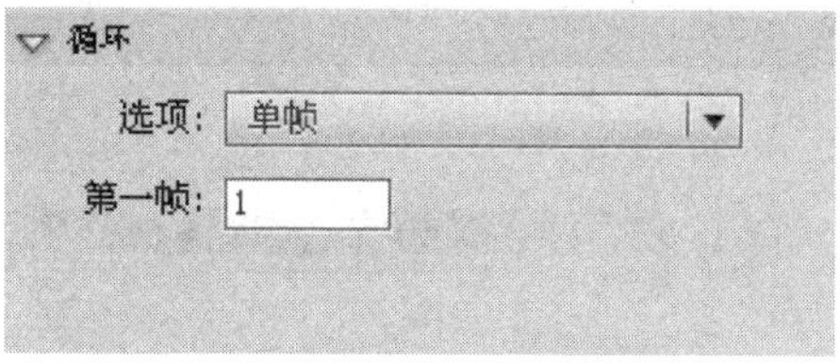

图 6-194　设置第 45 帧的循环属性

(16) 在"左门"图层的第 34、36、38、40、47、48、49、50 帧处创建关键帧，并设置每个关键帧在属性面板中的"循环"属性，如图 6-195～图 6-204 所示。

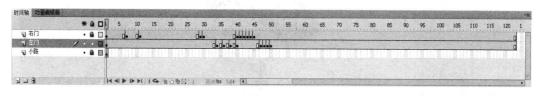

图 6-195　在"左门"图层的第 34、36、38、40、47、48、49、50 帧处创建关键帧

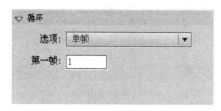

图 6-196　设置第 1 帧的循环属性　　　　　图 6-197　设置第 34 帧的循环属性

循环	循环	循环
选项：单帧	选项：单帧	选项：单帧
第一帧：3	第一帧：5	第一帧：7

图 6-198　设置第 36 帧的　　　　图 6-199　设置第 38 帧的　　　　图 6-200　设置第 40 帧的
　　　　　　循环属性　　　　　　　　　　　　循环属性　　　　　　　　　　　　循环属性

循环	循环	循环
选项：单帧	选项：单帧	选项：单帧
第一帧：4	第一帧：3	第一帧：2

图 6-201　设置第 47 帧的　　　　图 6-202　设置第 48 帧的　　　　图 6-203　设置第 49 帧的
　　　　　　循环属性　　　　　　　　　　　　循环属性　　　　　　　　　　　　循环属性

循环
选项：单帧
第一帧：1

图 6-204　设置第 50 帧的循环属性

(17) 在"动画"元件层级的"小路"图层点选小路造型，按快捷键 F8 将其转换成名为"小路动画"的图形元件，如图 6-205 所示。

图 6-205　将小路造型转换成名为"小路动画"的图形元件

(18) 在"小路动画"元件内部将小路造型进行"分离"处理，将各造型执行"分散到图层"命令，并依据各图层内容修改相关图层名称，然后在最顶层创建"特效"图层，如图 6-206 所示。

图 6-206　设置小路造型并修改相关图层名称

(19) 在"小路动画"元件的第 1～14 帧制作小路推门探头出来的动画，如图 6-207 所示。

图 6-207　在"小路动画"元件的第 1～14 帧制作小路推门探头出来的动画

(20) 在"小路动画"元件的第 16～38 帧制作小路转身出门的动画，如图 6-208 所示。

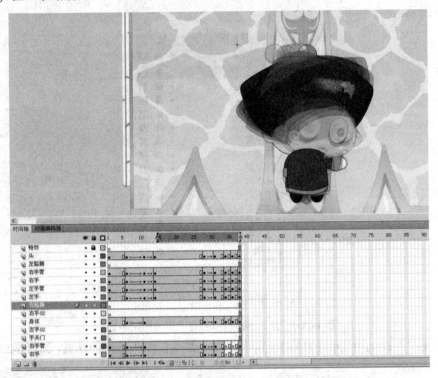

图 6-208　在"小路动画"元件的第 16～38 帧制作小路转身出门的动画

(21) 在"小路动画"元件的第 39～50 帧制作小路关门的动画，如图 6-209 所示。

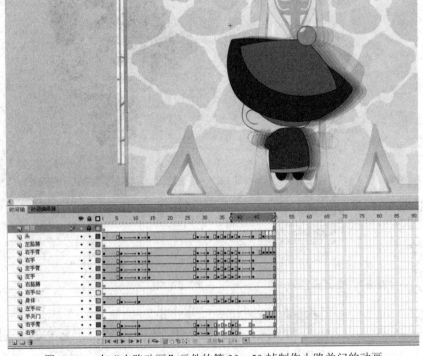

图 6-209　在"小路动画"元件的第 39～50 帧制作小路关门的动画

（22）在"小路动画"元件的第 51～63 帧制作小路关门后转身的动画，如图 6-210 所示。

图 6-210　在"小路动画"元件的第 51～63 帧制作小路关门后转身的动画

（23）在"造型库"文档中将"叹气"特效复制到"小路动画"图层的"特效"图层，在"小路动画"元件的第 64～94 帧制作小路叹气的动画，如图 6-211 所示。

图 6-211　在"小路动画"元件的第 64～94 帧制作小路叹气的动画

(24) 在"小路动画"元件的第 95～107 帧制作小路抬头突然发现吉吉的动画,如图 6-212 所示。

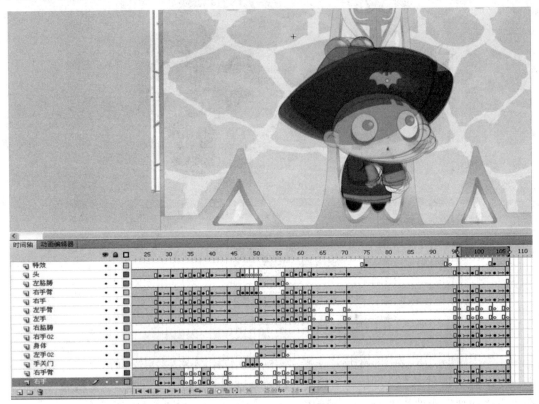

图 6-212　在"小路动画"元件的第 95～107 帧制作小路抬头突然发现吉吉的动画

(25) 在相关图层的第 122 帧处创建普通帧,如图 6-213 所示。

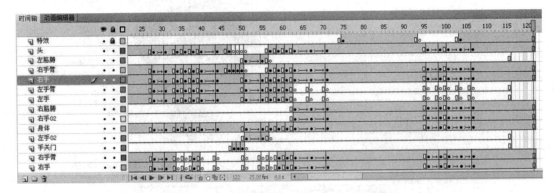

图 6-213　在相关图层的第 122 帧处创建普通帧

(26) 进入"动画"元件层级,在"小路"图层的第 37 帧处创建普通帧,如图 6-214 所示。

(27) 在"动画"元件层级拷贝"小路"图层,粘贴图层至该图层控制区域的最顶层,并设置时间轴上关键帧的位置为第 38 帧,设置第 38 帧的循环属性为:循环第一帧为 38 帧,最后在该图层的第 122 帧处创建普通帧,如图 6-215～图 6-217 所示。

图 6-214　在"小路"图层的第 37 帧处创建普通帧

图 6-215　在"动画"元件层级拷贝"小路"图层

图 6-216　在图层控制区域粘贴图层至顶层并设置该图层上的相应帧

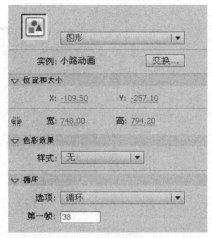

图 6-217　设置新复制的"小路"图层第 38 帧的循环属性

(28) 进入场景 1 层级，在"动画"图层的第 122 帧处创建普通帧，如图 6-218 所示。

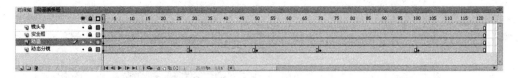

图 6-218　在"动画"图层的第 122 帧处创建普通帧

(29) 最后按"Ctrl+Enter"组合键测试动画效果，并保存好源文件，如图 6-219 所示。

图 6-219　测试镜头 SC_090A 的动画效果

项 目 小 结

本项目是对观赏性动画部分的整合性案例，直接提取商业动画《小猪班纳》动画剧本《谁是明日之星》剧集中的片段，由剧本分析入手详细讲解了如何进行文字分镜剧本的归纳和书写、如何进行角色和场景设计、如何进行相关道具和特效的制作、如何完整制作独立的镜头动画等。本项目的综合性对 Flash 动画制作所涉及的动画造型、动画技法等方面的知识要求比较高，也只有在更多的商业动画镜头临摹和独自制作中才能不断提升设计和制作能力，而本项目的完整演示即是对学生商业动画制作学习方法的一种范例。此外，该影片也是众多经典动画作品风格中的一种，大部分影院动画的镜头制作质量和要求会更高，希望学习者能够以此为学习平台不断挑战更高制作水平的动画，不断提升设计和制作能力。

思 考 与 练 习

1. 请思考商业动画剧本的分析及提炼镜头的方法。
2. 请思考绘制商业动画镜头画面时需要注意的问题及相关规范。
3. 请思考如何根据商业动画的动态分镜进行特定角色的动画设计。
4. 请思考商业影片镜头中动画制作的方法、流程及制作规范。
5. 请自选商业动画影片镜头进行独立设计与制作。

参 考 文 献

[1]　李铁，张海力. 动画角色设计. 北京：北京交通大学出版社，2011.

[2]　殷俊. 动画分镜头台本设计. 上海：上海人民美术出版社，2011.

[3]　陈贤浩，王红江. 动画场景设计. 上海：复旦大学出版社，2008.

[4]　刘跃军. 动画角色品牌运营. 北京：北京师范大学出版社，2009.

[5]　白云华，才新. 广告策划. 北京：清华大学出版社 北京交通大学出版社，2013.

[6]　邓文达. 精通 Flash 动画设计：Q 版角色绘画与场景设计. 北京：人民邮电出版社，2009.

[7]　智丰工作室，宋旸. 精通 Flash 动画设计：运动规律与动作实现. 北京：人民邮电出版社，2009.

[8]　付一君. Flash 影视动画短片设计与制作. 北京：清华大学出版社，2010.

[9]　重庆柠色动漫有限公司.《小猪班纳》第 1 季第 34 集，2012.